ANIMAL ETHNOGRAPHY

新・動物記 | 10

密かにヒメイカ

最小イカが教える恋と墨の秘密

佐藤成祥
SATO NORIYOSHI

京都大学学術出版会

全長2cmほどの小型の頭足類、ヒメイカ。

普段はアマモの森にひっそりと隠れる彼らを見つけるのは至難の業だ。実験で使う個体を確保するため、アマモをなぎ倒すようにやみくもに網を振って採集するような私も、たまにはそんな雑なやり方ではなく、必死で隠れる彼らをこの目で見つけたくなる。

透明度もよく、明るい穏やかな日は絶好の捜索チャンス。フィンキックで砂を巻き上げないように慎重にアマモ場に近づくと、珍しいことに獲物を捕らえて水中を漂う透明な体のヒメイカに出くわした。

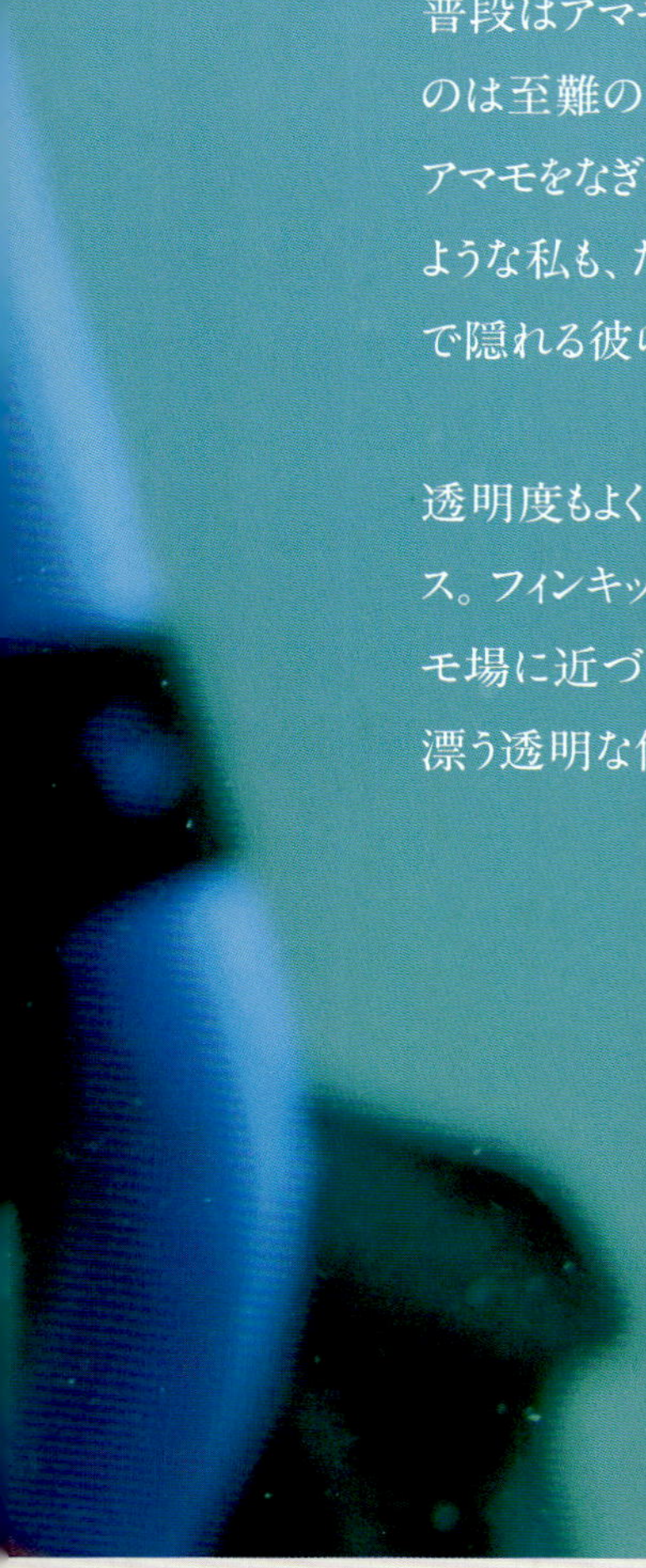

撮影:阿部拓三

眼の上にある平衡胞という器官が平衡感覚を司る。中にある平衡石の転がりで姿勢を制御する。平衡石は磨けば日齢がわかる。（→p.60）

口は口球と呼ばれる筋肉質の塊でできていて、長く伸びる（→p.33）。先端にはカラストンビと呼ばれる顎があり、捕まえた甲殻類の隙間に口球をねじ込み、噛み砕く。その後、口球の奥にあるとがった歯がシートのように並んだ歯舌をヤスリのように使って、細かくミンチにしていく。

背中側にある粘着細胞から粘液を分泌する。このネバネバの効果で基質にくっつき、身を隠す。

10本ある腕のうち、獲物を捕らえるため専用の2本が触腕。他の腕より長く、掌部のみに吸盤がある。
そして雄が繁殖に使うため専用の腕が交接腕。吸盤が無く、精子のカプセルを掴むための指がある。ヒメイカにおいては、左右2本あり、それぞれ形が異なる。（→p.127）

漏斗から水を勢いよく噴射して、高速で遊泳する。漏斗の向きを変えることで、前にも後ろにも移動が可能だ。水だけでなく、墨もここから噴射するぞ。

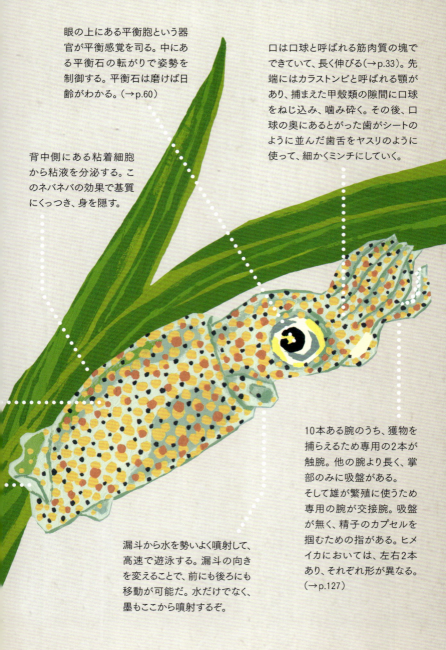

研究対象紹介

ヒメイカ

Idiosepius paradoxus

頭足綱ツツイカ目ヒメイカ科

分布 日本沿岸
体長 1.0〜2.5cm
体重 0.05〜0.4g

小さいことを意味するヒメの名を冠した最小のイカ。姿形はよく知られる筒状のイカとそっくりだが、決してイカの子供ではない。基質に粘着することができるのはこのイカが属するヒメイカ科だけの特徴である。

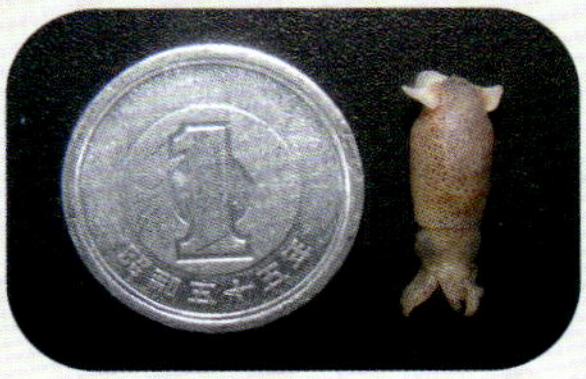

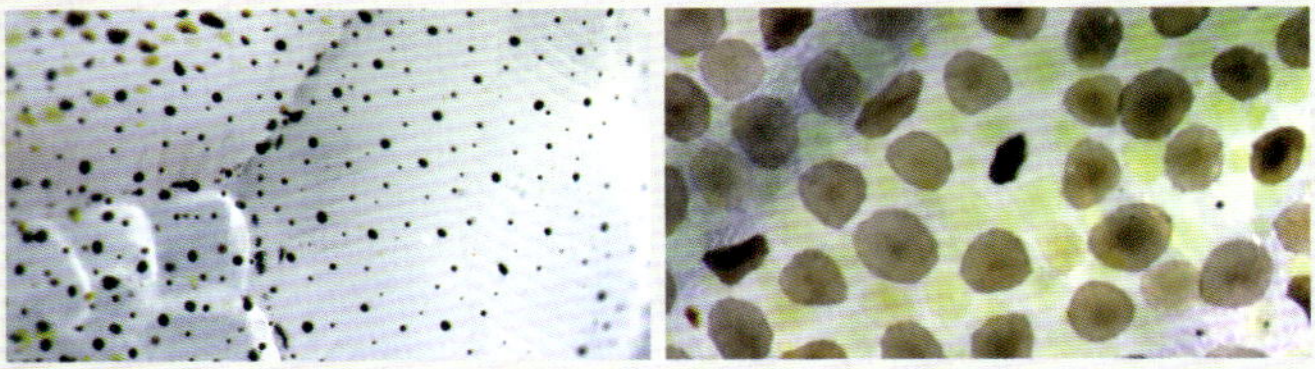

撮影：田邉良平

黒、黄、赤、白といった様々なタイプの色素胞を持つ。周りの細胞が弛緩すると、色素胞が大きく広がって色が見え、逆に収縮することで、これがつぶされ透明に見える。

丸い鰭を必死に動かし、姿勢を水平に保つ。

ホバリングしながらこちらの様子をうかがうヒメイカ（撮影：佐藤長明）

恋

密かに下される雌の選択

交接中の雌雄　ヒメイカの交接は強引だ。雄（右側）が産卵中の雌（左側）につかみかかり、自身の漏斗から出てくる精子のカプセルを掴み雌に受け渡そうとスタンバイしている。（→2章第1節）（撮影：佐藤長明）

受け渡された精子の袋をついばむ雌

雄によって腕の根元に精子の袋をくっつけられた雌が、それを排除しようと口を伸ばしてついばんでいる。どんな雄の精子が排除されるのだろうか？（→2章第2節）

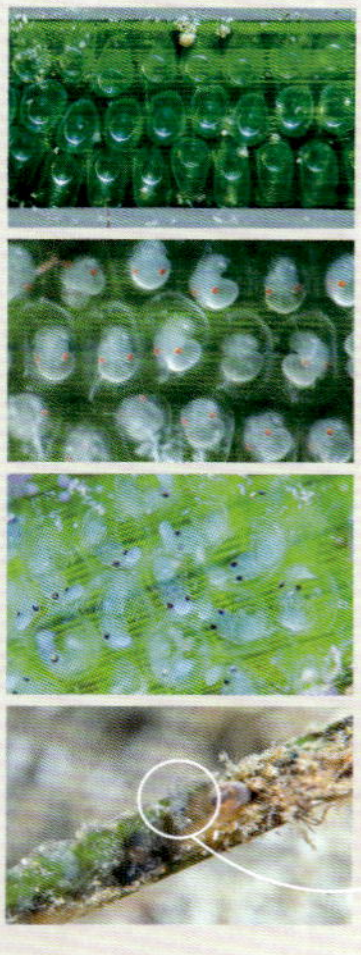

アマモに規則正しく産み付けられた卵は徐々に発生段階が進み、約2週間後には稚イカが卵を突き破り飛び出す。（撮影：佐藤長明）

産卵中の雌

卵を一卵ずつ、腕に抱え、基質に産み付けていく。卵を保護するゼリー状の物質が透明な卵の周囲を覆っている様子が見て取れる。（撮影：佐藤長明）

墨を使って逃げる

天敵のアナハゼに気づかれたと感じたヒメイカが先手を打って墨を吐いて逃げた。アナハゼは上手く騙され、吐き出した墨に攻撃した。（→4章第2節）

連続で吐き出した墨に囲まれて混乱した様子のアナハゼ。ヒメイカは透明だった体色を黒く変化させ、上手く墨に紛れた。

墨 騙す、襲う、逃げる

捕食にも使える墨

同じ藻場に生息するホソモエビを捕まえようと背中側に回り、距離をとるヒメイカ。墨を相手との間に吐き出したかと思うと、そこに紛れるように距離を詰め、触腕を伸ばして狙いを定めた。（→4章第1節）

ヒメイカは浅場に繁茂するアマモの葉に身を隠しながら、同じくアマモ場に生息するモエビ等の甲殻類を食べて生活している。（撮影：佐藤長明）

アマモの葉に隠れる

粘着して葉に体を沿わせると、傍から見つけるのは非常に難しい。

腕を広げて威嚇

逃げられないと悟った個体は腕を目一杯広げてこちらを威嚇する。

食事の時間

捕まえたエビは甲羅の隙間から噛みついてとどめを刺した後、伸びる口を使って中身だけ食べる（→p.33）。

（撮影：佐藤長明）

目次

2章

密かに燃えるヒメイカの恋

はじめに

空気タンクにBCジャケットのバックルを通し、レギュレーターのネジを締める。調査の準備もそうだが、特に潜水の準備をしている時は憂鬱だ。これから水中遊泳の時間だ!……なんて高揚感や生き物に出会える期待で胸がいっぱいになるなんてことはなく、ただただ面倒くさいなという気持ちでどうにかこうにか作業をこなす。五月の隠岐の島は水温も一五度をわずかに上回るほどで、全身が水につかるウェットスーツで気軽に潜れるほどの暖かさではない。ただ、体が濡れないドライスーツを着こみその中には防寒インナーという完全防備の私には、これを言い訳にすることもできなさそうだ。それを示すように、私の隣ではペアを組んで潜る六歳年下の同僚、小野さんが楽しそうにウェットスーツに袖を通している。

この日は凪もよく、やわらかな日差しが我々のいる斜路のあたりを照らしていた。さすがにここまで状況がいいと、いかにものぐさな私でも徐々に気分が上向きになってくる。潜水の準備が整い、本日の潜水の予定について簡単に打ち合わせを済ませると、重い器材を担いで、海藻が絨毯のように繁茂する斜路に歩を進める。足を滑らせないように慎重に足を運び、二人連れ立って斜路から湾内にエントリーすると、すぐにひんやりと冷たい海水が顔に触れる。ウェットスーツの小野さんは染みわたる冷水に思わず声をあげた。

小野さんとハンドサインを交わし、ゆっくりと潜航しながらヒメイカがいる目的のアマモ場に向かう。BCジャケットに送り込んだ空気を調整し、浮きも沈みもしない、中性浮力の状態になると、まるで無重力の宇宙遊泳といった感じで、浮遊感がなんとも心地よい。さすがの私も一たび海に入ってしまうとやる気のスイッチが入る。さきほどまでの憂鬱さは一気に吹き飛んだ。湾内に敵がいないせいか妙に人間慣れしたクロダイを横目に、リラックス状態でフィンキックを繰り返すたびに気分は高揚していく。この気持ちのよさは隠岐の島が誇る透明度の高さも大いに関係するのかもしれない。国内外のいろんな場所、いろんな環境条件で潜ってきたが、視界がクリアで、陽の光が海中を照らす日中のダイビングほど気持ちのいいものはない。

目的の調査地点に到着し、砂地に広がるアマモ場を眺め、集団から離れて単独で生えているアマモの株に目を付ける。砂を巻き上げないようにゆっくりと近づき、手にした金属棒で細長い葉を横に払うと、アマモから小指の爪ほどの大きさのイカが飛び出した。隠れていた葉が突然薙ぎ払われたせいか、はたまた突然現れた二体の巨人に驚いているのか、状況を整理するかのようにその場でホバリングしており、目の前に現れてからその位置は保たれたままだ。体色は一瞬のうちに赤黒く染まったかと思ったら、次の瞬間には背景が透けるほど透明に変化する。これが、私が長年研究対象として付き合ってきた世界最小の頭足類、ヒメイカである。

ふと隣の様子をうかがうと、小野さんが不思議そうにこちらを見ていた。どうやら、このイカとの付き合いが浅く、水槽でしかその姿を見たことがない彼の目には海中を漂うヒメイカの姿がとらえられていないようで、アマモを薙ぎ払った後、突如何もない空間を見ながら動かなくなった私に不安を覚えたのだろう。目の前のイカを指さしてみたが、まだ何がいるか分からないようだ。彼は生き物観察に疎い人間ではない。それどころか、私がこれまで出会った中でも動植物への詳しさは最高レベルであり、海、山関係なく、どんな動物もたちまち捕まえ、名前を私に教えてくれるような男である。そんな彼でもこの生き物に気づけないのは、彼がまだダイビングを始めて一〇回ほどのビギナーであり、水中世界の動物観察に慣れていないこと、そしてなにより相手がイカであることが影響しているからだろう。背景が単一の水色の中、そこに漂う小型の物体を見つけるためには、積極的に対象にピントを合わせなければなかなかその存在に気づくことができない。輪郭を探そうにも、背景と対象生物との色の違いを見分けることが、イカ特有の透明な体色のおかげで容易ではない。これまで幾度となく野山で出会う動植物を一方的に教えてくれた動物博士の小野さんに初めて勝った気がしてなんだか得意な気分になった。

改めてもう一度指をさすと、ようやくヒメイカにピントが合ったようで、拍手のジェスチャーをしながら大きくうなずいた。そんな様子を見て、はじめてヒメイカを水中で発見したあの日の自分の姿を重ねた。このイカを研究し始めてから、二〇年が経とうとしている。これだけ長く研究をしているのなら、さぞかしイカの魅力に取りつかれた生粋の動物マニアと思われるかもしれないが、残念なことに私はそのようなタイプの人間ではなく、ヒメイカにもそこまで思い入れはない。完全な職業研究者である。イカという動物に対して好きとか嫌いとかの感情を持ったことはないし、イカの種類も大して知らない。専門が分類学ではなく行動学なのでそれは仕方のないことのような気もするが、かといって一日中イカの行動を水槽で見ていられるかといったらそんなこともないので、やはり特別愛情が深いというわけではなさそうだ。そんな私は動物記を書くにはあまり相応しくないタイプの人間と思われるかもしれない。しかし、それでも二〇年の付き合いは重く、その間の研究生活はこの動物の魅力にひたすら支えられてきた。ヒメイカを飯の種くらいにしか思っていないような私でも、その魅力を多くの人に知ってほしいという考えも生まれてくる。この際だから、嫉妬と劣等感にまみれた私のただれた研究生活を出汁に、ヒメイカの繁殖、墨を使った捕食や防御行動について紹介させていただくことにした。あまり褒められた態度の研究者ではないかもしれないが、これも多様性の一つの形ということでご容赦いただきたい。どんな形であれ、少しでもヒメイカの行動生態の面白さを感じていただければ幸いである。

1章

世界最小のイカ、ヒメイカ

1 ヒメイカとの出会い

学歴コンプレックスと大学院進学

ファミコン直撃世代の私の青春はテレビゲームと共にあった。虫取りや魚釣りこそそれなりに触れてはきたが、そこから生き物採集にはまることもなく、自然とはある程度距離を置いた少年時代を過ごしていた。大学生になり、私は北里大学水産学部に入学した。当時は複雑に地形が入り組んだリアス式海岸で有名な岩手県の三陸町にキャンパスがあり、二年生になると都会の香りが感じられる神奈川県相模原市から、山と海にほとんどが覆われたこの辺境の地に生活の場を移す。信号が街に一つしかなく、夜の八時にはほとんどの店も閉まる不便な田舎ではあったが、玄関を開ければ目の前に海と山が広がる自然派には最高の立地である。授業の合間で釣りに、素潜りに、ダイビングにと存分に海を楽しむ同級生も多かったこの場所で、私はイカと劇的な出会いをした……と書きたいところだが、残念ながら海洋生物との出会いのチャンスに恵まれたこの立地をもってしても、少年時代に離れていた動物との距離が縮まることはなかった。

眼下に広がる海を目にしても私の心が躍ることはなく、モラトリアム期を支えたのはテレビゲームとパチスロだった。言い訳のように聞こえるかもしれないが、実は幼少期のころから私にとって海は印象の良い場所ではなかった。海水特有のヌメりや独特の匂い。海から上がった後にまとわりつく砂。さらには海の中でうごめく不気味な不定形の生き物。そんな幼少期の印象そのままに、インドア生活をキープした。こんな奴がどうして水産学部を選んだんだと思うかもしれない。なんてことはない、受験に失敗したからである。漫画『動物のお医者さん』に影響を受け、短絡的に獣医になることを夢見たが、残念ながら学力があまり高くなかった私にとって獣医学部の偏差値はあまりに高く、身の丈に合わない志望先だった。そこで保険として、当時熱帯魚を飼育していたという理由だけで、水産学部を滑り止めに選んだのだが、しっかり滑り止めだけに合格したというわけである。本当に獣医になりたい人はここで浪人という道を選ぶのだろうが、努力ができない自分の性格、そしてそもそもそこまでの情熱もないという判断のもと、水産学部を選んだのだった。

そんな動物と関わりがなかった人間が卒業研究をきっかけに動物の魅力に目覚め、大学院に進学する……こういうケースにも私は該当しない。そもそも私が大学院進学を考えた時期は、動物の研究と出会う四年生の頃ではなく、一年生の春だった。その理由も非常にダサく、こんなところで公表するのも憚られるのだが、受験の失敗を取り戻したいという劣等感によるものである。打算で選んだ水産学部だが、悲しいかな面子だけは気にする人間だった私の心の中は思うような進路に進めなかった渦巻く不満に占拠されていた。この不満を解消したい。そこで思いついたのが他大学の大学院に進むことだった。これが根源的な進学の動機である。この行為は最終学歴を受験が容易な大学院で塗り替える学歴ロンダリングと今は亡き2ちゃんねるで揶揄されていることを後に知るのだが、当時は大学受験の雪辱を大学院受験で果たすというアイデアを思いついた自分に満足しかなかった。ただ、思いついたまではいいが、そもそも大学院というものが何なのかよく分かっておらず、大学よりも高度な勉強をするところくらいにしか思っていなかったので、救いようがない。

立ちはだかる大学院の門

どうやら大学院に進学するためには、受け入れ先の研究室を見つける必要があるようだ。しかし残念ながら一番重要なことが抜けていた。そもそも自分が何を学びたいのかがはっきりしていないのだ。そんな折に出会ったのが大学一年生の一般教養課程で受講した動物行動学の講義だった。動物が食べる、逃げる、繁殖するといった行動なんて自然系のテレビでしか扱わないと思っていたのに、そんな内容を大真面目に研究する学問があることに驚くとともに、その内容に強く惹かれた。残念ながら学部の専門科目ではないため、学年が上がりキャンパスを移動した後はそれっきりとなっていたが、この授業で聞いた話は脳裏に深く刻まれることとなった。そこで専門科目の授業は魚類の行動や生態に関するものに焦点を当てて講義を履修してみたのだが、どうも面白く感じない。改めて、自分の興味の方向性を考えてみると、一口に動物の行動と言っても、どのようなメカニズムで動くのかとか、どのような生理機能が関係するかとか、あるいは動物の生態や行動をどうやって人間活動に応用するかといったものにはほとんど関心がなく、その行動が動物自体にどのような利益をもたらすかを考えることが好きなようだ。調べてみると、そんなことを研究するのがどうやら行動生態学という研究分野らしい。こんな感じで、動物との実際の触れ合いを一切介することなく、大学の授業を受ける中でやんわりと進学のための方向性が定まっていったのであった。

次は研究室探しである。他大学への進学自体が第一の目的ではあったが、面倒なことに行動生態学ができればどこでもいいわけではなく、二つのポイントを軸に候補となる研究室の検索を行った。一つは陸上動物を研究対象とすること、もう一つは捕食行動の研究ができることである。一つ目については、陸上の動物が好きというよりは、海から離れたかったというのが理由である。今思い返すと海が嫌いだからというよりも、現状への反動からこういう気持ちになっていたような気もする。二つ目のポイントについてはより漠然としていて、なんとなくかっこいい、見ていて面白そうという単純な印象によるものである。驚くほど浅い動機ではあるが、このこだわりをきっかけに進学先を探していたところ、図書館に収められている様々な分野の論文が集められたCD－ROMの中に、京都大学の動物行動学研究室でヘビの捕食行動の研究を行っている人がいるという情報を手にした。「京都大学」、「動物行動」、短絡的な私は京都大学というブランドと、そのものずばりの研究室名だけですぐさまここしかないと思いこんだ。ヘビは触ったことすらなかったが、そこに対する心配よりも京大でのキャンパスライフへのあこがれが完全に凌駕していた。一応、インターネットで下調べらしいこともしたが、すでに京大というビッグネームでやられてしまった私の脳に他の研究室の情報がインプットされることはなかった。

しかし、残念ながら私の大学院受験は上手くいかなかった。京都に住み、一年間大学院浪人もして粘ってはみたが、私の基礎学力は合格できる基準を超えることはなかった。いくらあこがれがあっても、いまだ形になっていない将来への見通しだけを頼りに二年目の大学院浪人生活に突入するのはさすがに危険だということは、いかに私の足りない頭でもなんとか感じ取ることはできたようで、京都大学へのチャレンジはここで断念せざるを得なかった。不幸中の幸いだが、不合格通知を手にしたのは九月であり、大学によっては二月に後期試験を行うところもある。ひとまず京都のアパートを引き払い、実家のある北海道で新たな進路を探すことにした。

やりたいこととできること

どこの研究室を選ぶべきか。またも振り出しに戻ってしまった。取っかかりはヘビだったがそもそもこれまで触れたことすらない動物である。知識もないし、そこまで強いこだわりもない。そこで、動物種にこだわらず捕食行動というキーワードに絞って新たな受験先を探すことにした。するとちょうどよく、地元北海道大学（北大）の農学部で動物行動学の研究室があるではないか。さっそく研究をしたくて進学を考えている旨をメールしたところ、会って話を聞いてくれるとのこと。進学のあてを失い、一時はどうなることかと焦ったが、なんとか早いうちに進学先のめどが立った。受け取ったメールを読んで胸をなでおろしたこの時は、まさかその面接で絶望の淵に叩き落されるとは夢にも思わなかった。

普通、大学の研究室に配属される場合は教員によって研究テーマが与えられる。この構造は他大学を受験する場合でも変わらない。私のような特定の動物にこだわりがない人間は、素直に教員の与える研究がしたいと申し出れば簡単な話なのだが、受験に失敗して後がないくせに、余計なこだわりがあるという非常に厄介な人間だった私は、「この研究室で主にあつかっている昆虫は小さくて面白くなさそう。他の動物でも研究しているようなので、目に見える大きさの動物の研究がしたいな。北海道だから、ヒグマとかキタキツネとかかっこよさそう」という浅はかな考えのもと、その後半部分を面接してくれた教員にぶつけたのである（さすがに前半部分は伝えない頭はあった）。かりにも大学院を浪人するような人間から発せられるとは思えないバカ丸出しの発言に対して、相手の先生は呆れた様子でこう答えた。

「あなたは、クマとかキツネがどこにいて、どうやれば発見できるか知っているの？　何も知らない人が野生動物に出会う確率は非常に低いのに、さらに獲物を襲う瞬間なんてどれくらいあるの？　そんな考えだったらどこの大学院に進んでもやっていけないよ？」

冷や水を浴びせられた気分とはまさにこのことだろう。てっきり、受け入れてくれると思って意気込んでやってきた私だったが、この面接で突如、これまで進学に費やしてきた努力やそれに対する姿勢、もっと言えば考え方まですべて否定された気がして頭が真っ白になった。返答に困りたじろぐ私に、「まずは自分が扱える動物から考えてみたら」という言葉がかけられ、悪夢の面接は終わった。厳しい言葉とは思うが、今から振り返ると、あこがれだけで思考停止していた自分を正してくれたとても重要な面接だった。しかし、当時の私が受けたダメージはあまりにも大きく、すぐに家路につくことがためらわれ、札幌の街をあてもなくふらふら放浪したのを覚えている。

ようやく芽生えた希望はあっけなく枯れた。どこを受験すればいいのかまったく分からなくなってしまった。まさに闇の中にいるような気分である。しかし、残念ながら、ショックでへこんでいる時間もそれほど残されていなかった。多くの大学院で後期試験が行われる二月まであと四、五か月。一刻も早く受験先を決めないと、試験の準備もできやしない。追い詰められた私がすがったのは「自分が扱える動物」という先の面談で投げかけられたあの言葉である。私が主体的に研究した経験を考えると、水産学部での卒業研究しかなかった。アブラハヤという淡水魚に関する研究を通して、先輩や同期の手を借りながらではあったが、フィールドで魚を採集し、水槽をセッティングして飼育し、行動実験を行った。魚類の行動を扱った研究テーマではあったが、すでに大学院で行うであろうヘビの行動生態研究で頭がいっぱいだった当時の私には響くこともなく、今後は関わることもないだろうと思っていたが、今たよることができるのは水棲生物しかない。こうして飛び出したはずの水産学部への出戻りを決心することとなった。

たどり着いた漁村の実験所

こんな私が進学先の候補として見つけたのが北大の臼尻実験所だった。函館市から峠を超えて四〇キロメートル弱離れた漁村の片隅に位置する僻地に、将来の指導教官となる宗原弘幸先生の研究室はあった。札幌での苦い経験があったせいか、今度ばかりはさすがに「シャチをやりたい」というような荒唐無稽なメールは送らなかった。「捕食行動に興味があるが、何をやりたいかは定まっていない」という迷いも含め、正直に今の状態について打ち明けた。「何かやりたいことがあるならやればいいし、ないならテーマを与えるよ」という宗原先生からの返信が、ずいぶん暖かく感じたことを覚えている。

大学院受験になんとか合格し、晴れて北大の大学院生となった私に、宗原先生は海水が満ちた容器を手渡してきた。よく見ると全長一センチメートルほどのイカと思わしき小さな物体が容器の側面にくっついている。

「これはヒメイカという世界で一番小さいイカなんだよ。この研究をしたらどうだい?」

この驚くほど小さいイカを見て、「かわいい!」とか、「なんて面白そうな動物なんだ!」という特別な感情が湧くことは残念ながら微塵もなかった。こんな小さいイカは見ていて面白くなさそうだな、というのがその時の正直な感想である。それでもせっかく与えてくれた研究テーマを無碍にするわけにもいかない。とりあえず飼育してみるかと、水槽室の蛇口を捻り水槽に海水を満たし、容器の中のイカを移すと、みるみる体が膨れてすぐに動かなくなってしまった。勘のいい読者はもうお分かりだと思うが、たいていの水産実験所は海水用の蛇口と真水用の蛇口があり、私が注いだのは真水だったのである。よく見ると、海水用の蛇口は海水で錆びないように全体が塩ビ管でできている。かりにも水産学部出身者としてはありえないミスである。こうして、長い付き合いになるヒメイカとの最初の出会いは、厚意で採集してもらった個体を数分で台無しにするという最悪のかたちから始まった。

2 ヒメイカを捕まえろ！

そもそもイカとは何ですか？

修士課程の研究テーマとして提案されたヒメイカだが、研究をスタートするにも分からないことだらけである。たいていの場合、指導教官や研究室の先輩に頼ることである程度のきっかけはつかめるのだが、私の場合はそれができなかった。研究室で誰もイカのことを知らないのである。それもそのはず、指導教官の宗原先生はカジカやアイナメといった北方に生息する魚類の生態が専門であり、実はイカの研究者でも何でもなかった。研究室の他のメンバーもみな魚類の研究がテーマであり、私だけが異端だった。これから六年間かけて思い知ることになるのだが、私の指導教官はワクワクしたら一心不乱に突き進む暴れ馬のような性格の持ち主だった。そんなワクワク暴走特急宗原号は、長年取り組んでいる研究テーマを私に与えることなく、最近になって実験所の周りでたまたま見つけた小型のイカにワクワクしてしまい、事もあろうにそのワクワクごと私にパスしてきたのである。

何はともあれ、まずは基本的な勉強からである。ヒメイカどころかイカのことすらろくに知らない。そもそもイカとはなんの動物に近いのだろうか。高校や大学の生物で基本的なことは学んだはずだが、スルメの原材料くらいにしかイカを認識していなかった私は当然のことながら何の知識も頭に入っていなかった。簡単にいうと、軟体動物門に属するイカやタコが最も近いのは当然ながら貝類である。柔らかい軟体部を硬い貝殻でガードして生活している貝類を祖先とし、そこから防御の要である貝殻を放棄して、水中を遊泳するように進化したのがイカ・タコの属する頭足類だ。動かず身を守るスタイルから、高速で移動するスタイルに生活様式が変化したことによって、彼ら特有の奇抜な特徴が進化した。移動しながら獲物や敵を探すための発達した視覚、その情報を迅速に処理するための神経系、柔軟に動き獲物を逃さない多数の腕。体色はおろか肌の質感さえも一瞬で変化させる卓越したカモフラージュ能力で敵の眼を欺き、相手に見つかったときは墨を吐いて目をくらます。そんな頭足類の中で、底生生活に特化したのがタコの仲間であり、中層をすばやく遊泳する方向に進化したのがイカの仲間である。もちろん、足が八本か一〇本かというよく知られる分類ポイントは学術的にも有効で、イカが二本余計に足が生えているのは離れた相手を捕まえるために特殊化した二本の触腕を持つからだ。

そんなイカの中でもほとんど一般の人から認知されていないのがヒメイカである。頭から足の先までの全長は二センチメートルほど、重さで言えば一グラムにも満たない、世界最小のイカの仲間。

もっとも、昆虫などと比べると、二センチなんて小さいうちに入らないと思われるかもしれないが、同じ分類群に無脊椎動物最大で一〇メートルを超えるサイズのダイオウイカが存在することを考えると、その異常な小ささが際立つだろう。さて、イカといえば日本人が大好きな重要水産資源である。漁師さんだったらヒメイカのことを知っているのではと思われるかもしれないが、残念ながらその存在は全くと言っていいほど知られていない。それもそのはず、あまりにも小さいのでたいていの網には引っかからないし、かかったとしてもイカの子供と誤解されてしまうのだ。唯一の例外が水中写真を楽しむダイバーといったところか。それでも、マクロレンズという接写可能なレンズが必要のため、ダイバーの中でもフォト派と呼ばれる水中撮影に凝っている一部の人に限られる。ずぶの素人の私が知らないのも当然である。

世界最小イカのいろは

さて、このヒメイカを使って、なんの行動を研究しようかというところだが、宗原先生が提案してきたのは行動研究ではなく、いつ生まれ、いつ繁殖し、いつ死ぬかという、いわゆる生活史に関する研究だった。行動研究ではないことに不満をおぼえたが、よくよく考えてみれば当たり前の提案である。最近になって実験所の前浜で偶然捕まえられたこのイカが、どこでどれだけ獲れるか、我々は何の予備情報も持ち合わせていないのだ。行動研究をするために大学院浪人してまで進学したことを考えると受け入れがたい話ではあったが、この研究室にたどり着くまでの経緯もあり、身

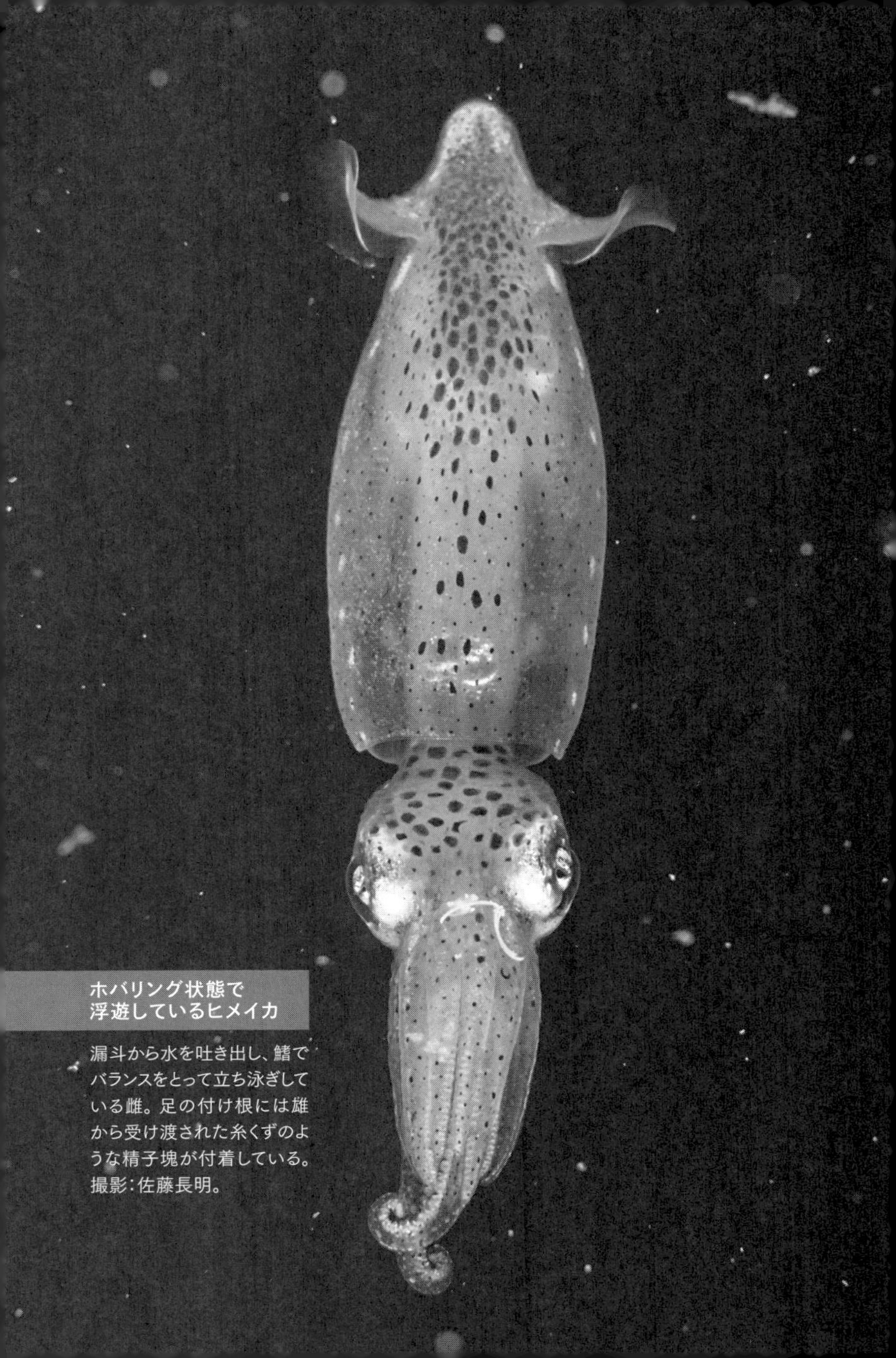

ホバリング状態で浮遊しているヒメイカ

漏斗から水を吐き出し、鰭でバランスをとって立ち泳ぎしている雌。足の付け根には雄から受け渡された糸くずのような精子塊が付着している。撮影：佐藤長明。

の程知らずの私もさすがにこの提案を飲むより他になかった。もっとも現段階では行動研究をしたくても、何がしたいのかすら定まっていない。修士課程の二年間を通して、じっくり勉強していこうと、ここにきてようやく堅実な選択をするに至ったのであった。

世界的に見てもヒメイカに関する研究はほとんど行われていなかった。このイカが属するヒメイカ科はその当時七種が確認され、ヒメイカが生息する日本の他に、アフリカの東部、タイ、インドネシア、オーストラリアといったインド洋を囲む地域の沿岸に分布していることが知られていたが、[1]水産的価値の低さからなのか、はたまた研究が盛んなヨーロッパやアメリカに分布していないからなのか、研究はほとんど行われておらず、その生態はよく分かっていなかった。しかし二〇〇〇年になってヒメイカの摂餌や繁殖に関わる基礎生態に加え、肝心の生活史に関する研究成果までもが、名古屋港水族館で当時飼育員をしていた春日井隆さんによって立て続けに論文として発表された。[2][3][4]これらの論文によると、どうやらヒメイカはアマモと呼ばれる海草が生えている場所でよく採集されるらしい。アマモの森に身を隠しながら、同じくアマモ場に生息するモエビ等の甲殻類を食べて生活している。その食べ方が一風変わっている。イカの口はまるで鳥の嘴のようでカラストンビという別名もあるくらいだ。これらの嘴を囲む強力な筋肉で球状になった口球と呼ばれる器官が多数の腕の中心に収まっている。ヒメイカはこの口球を柔軟に伸ばすことができる。獲物を捕まえると、殻のすきまから口を伸ばして中に詰まっている筋肉だけを食べてしまうのだ。後々、自分でも目の当たりにすることになるのだが、伸びた口の動きは良く言えば胃カメラのように、悪く言えば殻の内

撮影：藤原英史。　〈動画URL〉https://youtu.be/HSEV5A6ZPKA

部を這いずる寄生虫のように動き、なかなか見ごたえがある。食べた後には脱皮の後のように獲物の殻だけがきれいにその場に残される。また、ヒメイカ科の仲間はイカの中で唯一、外套膜の背部から粘液物質を分泌することができる。ねばねばの力を使って、海草などの基質に付着して、体を固定し、身を隠しながら、体を休めるというわけだ。不運（？）な事故でお亡くなりになったが、思い起こせば宗原先生からもらったヒメイカもボトルの壁面にくっついていた。

異なる二つのライフスタイル

肝心の生活史はどうだろう。愛知県の知多半島で調査した結果によると、ヒメイカは秋に生まれ、越冬して、大きく成長してから春に繁殖を行う大型世代と、その大型が産んだ卵から生まれ、夏季の高水温ですぐに成長し、小型のまま夏から秋にかけて繁殖に参加する小型世代の二つの生活史タイプに分かれているという

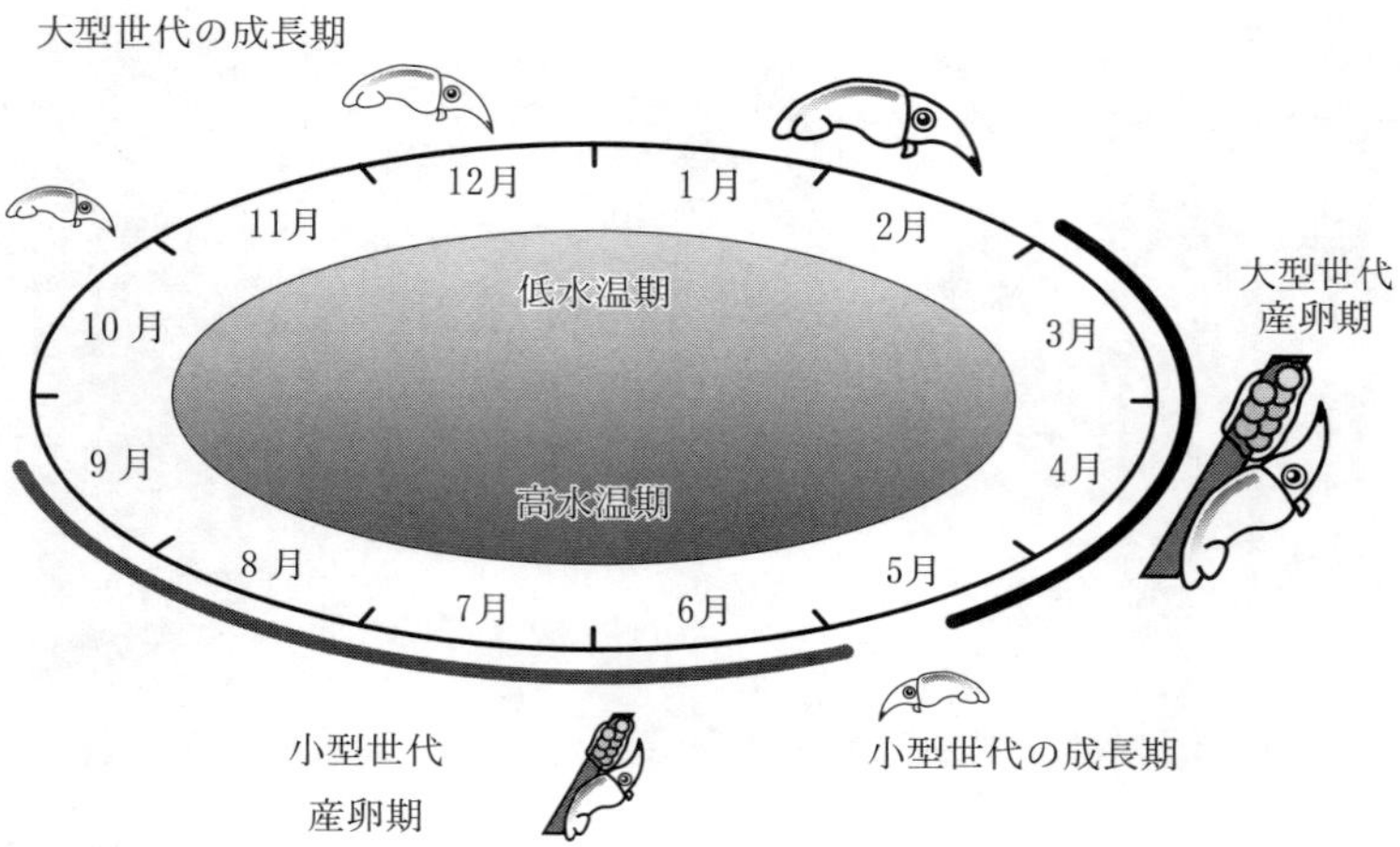

図1　ヒメイカの二つの生活史パターン

（図１）[5]。あくまでも採集された個体サイズの季節変化に基づくデータで、実際の生まれてからの日齢（イカの場合、一年も生きないので、年換算の年齢ではなく日齢で歳を表す）は調べられていないため推測ではあるものの、おおよその生活史は察しが付くほどであった。

ここまで分かっているなら、日齢を調べる以外に、何を私がやることがあるのだろうかと思われるかもしれないが、注目すべきは生息地の水温の違いである。この研究が行われた愛知県知多半島沿岸の海水温を見ると、夏は三〇度、冬でも一〇度くらい。一方、ここ北海道の臼尻沿岸は、夏でも二〇度くらいまでしか上がらず、冬に至っては二度まで低下する。先ほど、高水温ですぐに成長すると言ったように、生息水温は動物の成長や繁殖のタイミングに強く影響する要素なので、その生活史は北海道と愛知で大きく異なる可能性があるというわけだ。

採れないヒメイカ

研究テーマの方向性は決まった。先行研究では、胴長と呼ばれる胸まで隠れる長靴を履いて網でイカを月ごとに採集して、個体数や体サイズを記録し、成熟度を測ることで、いつ生まれ、どのように成長し、いつ繁殖を行うのかが調べられていた。ごくごく基礎的な生態研究の手法で、これであれば素人の私も手の出しようがある。まずは実験所の前浜に生えている海草を中心にヒメイカを探してみることにした。ところが早速出鼻をくじかれた。参考にした論文で書かれていたアマモは、ここ臼尻では水深三メートルほどの深さにしか生えておらず、ダイビングの資格も装備も何もない私には手を出すことができなかったのである。その一方で、アマモよりも細く、密に生えているスガモという海草であれば水深五〇センチメートルほどの岩場に生えている。ここなら私でも採集することができる。ものは試しと、最も潮が引く大潮の干潮時に胴長を履いてスガモ場に近づき、タモ網という虫取り網のような道具でスガモをひっかけるようにすくってみた。ところが、網をすくえどもすくえども、まったくヒメイカが入ることはなかった。スガモの他にも浅場に生えていたアオサやホンダワラなどの海藻もすくってみたが、やはりヒメイカが獲れる気配がない。それじゃあ、お前が殺したヒメイカはどこで獲ったんだと疑問に思われたかもしれないが、実はあのヒメイカは研究室の先輩が、この函館エリアからほど遠い、小樽エリアにある忍路《おしょろ》という場所で潜水によって採集したものであった。次の大潮も、その次の大潮も干潮時に採集を試みたが、結局ヒメイカが採冬場は最干潮時が真夜中になる。両サイドのポールをもって網を広げ、底をこするように曳いてヒメイカを採集する。写真は後年、春日井さん協力のもと、研究室の学生といっしょに南知多沿岸で採集した時のもの。採集したイカは手前の学生が引っ張るバケツに入れて運ぶ。

引き網を使った採集の様子

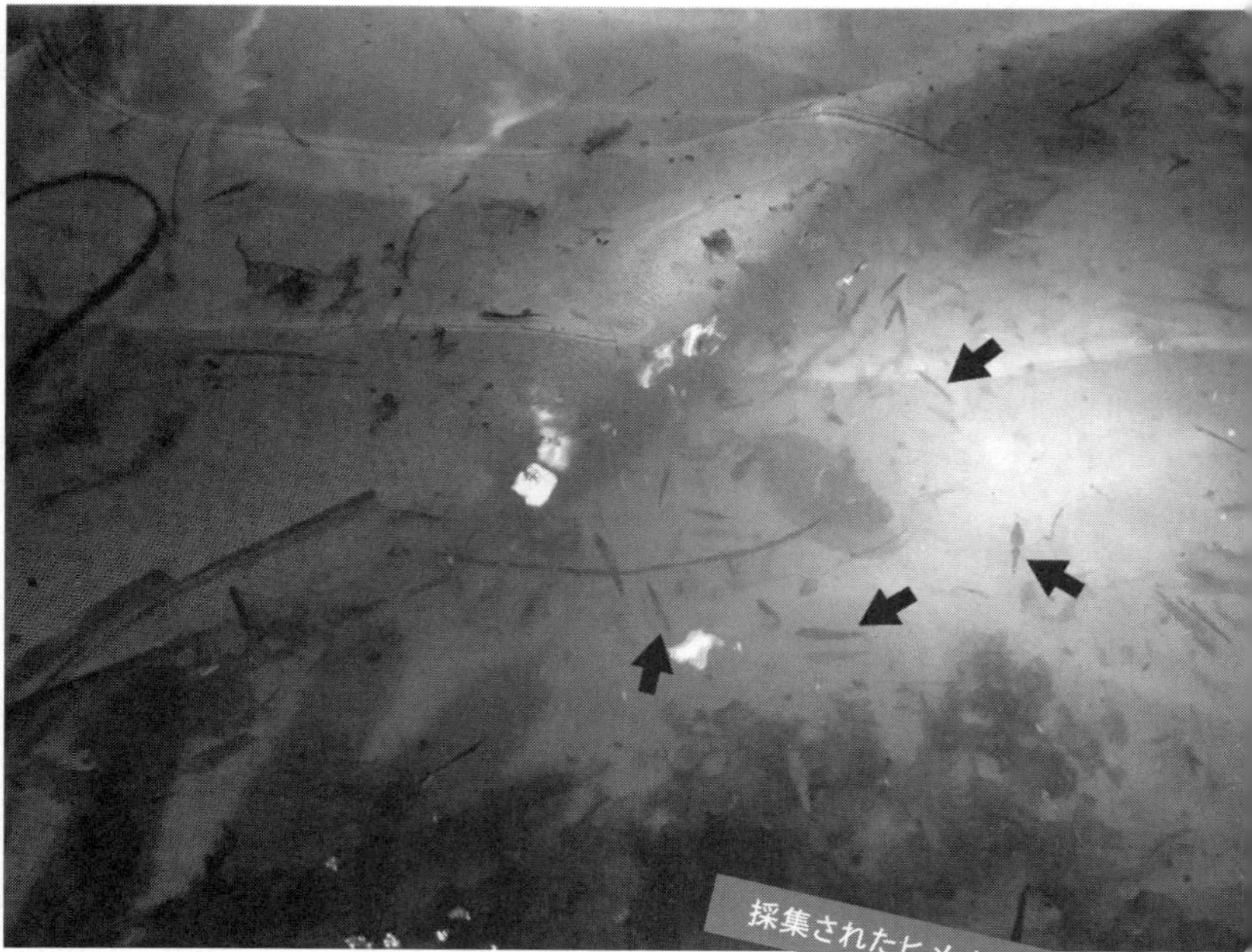

採集されたヒメイカ

たくさんとれたヒメイカ。小さくて分かりにくいが、分かりやすいものを矢印で指示した。写真の中には20個体以上のヒメイカが写り込んでいる。

集されることはなかった。しかし、このまま手をこまねいているわけにもいかない。取るべき手段は二つ。一つは名古屋水族館にいる春日井さんに採集方法について直接聞きにいくということ、もう一つはダイビングのライセンスを取得するということである。まずは一つ目の手段を試すべく、先方に連絡を取り、名古屋に飛んだ。

北大水産学部のOBでもある春日井さんは、ヒメイカ研究の世界に飛び込んできた新人にとてもやさしかった。これまでどんなところで採集してきたのかを見せるべく調査場所まで案内し、採集道具はどんなものを使い、どのようにヒメイカを捕まえているのか、私が疑問に思っていたことをすべて丁寧に教えてくれた。実際に採集フィールドとして利用している南知多町の沿岸は、私が採集を試みている臼尻の海岸とは様相が大きく異なっていた。干潮時には多数のアマモの細長い葉が水面に横たわるように浮かんでおり、水深五〇センチメートルほどと非常に浅い位置に繁茂していることがすぐに分かった。確かにこれなら胴長で十分採集することができる。道具も私が使っていたタモ網ではなく、巨大なざるのような形状で網口が大きいサデ網を使ったり、二人ペアで採集するときは特別に作成した、両端をそれぞれ別の人間が持ち、藻場を引きずるように使用する引き網によって採集を行っていた。実際にやり方を見せてもらうと、一度網を引いただけで、なんと一〇個体ほどのヒメイカがいとも簡単に網にかかった。これまで一個体も採集できていない自分には奇跡のような光景である。なんだかこの場所がヒメイカ採集の聖地のようにも思えてきた。何度か一緒に採集を行ううちに、場所の違いも当然大きいのだろうが、タモ網くらいのサイズではヒメイカを取りこぼしてしまっている気がしてきた。春日井さんの使っている網はそれくらい大きかったのである。これは重要な手がかりかもしれない。一人で研究する私の場合、まずはサデ網を用意する必要がありそうだ。こうして、こちらから押しかけたにもかかわらず、私に採集のヒントを与えるばかりか、水族館をバックヤードまで案内し、名古屋飯までおごってくれた春日井さんから強いエールをいただくことができた。「採集できなかったら、こっちで採集してヒメイカを送ってあげるから」という温かい言葉がけは、先の見えぬ採集活動で不安だらけの私を奮い立たせるに十分だったように思う。

北国ダイビング

春日井さんからヒメイカ採集の実体験を聞いて採集方法の手がかりを得た私は気持ちも新たに再び臼尻の地で採集に挑んだ。早速、ホームセンターや漁具屋で道具を買い込み、見様見真似で自作したサデ網でスガモ場を探し回った。しかし、残念ながら結果が変わることはなかった。前よりも広い採集範囲をカバーできるようになったサデ網には以前よりも多くの生物が引っ掛かりはしたが、その中にヒメイカの姿を見つけることはできなかった。やはりスガモにはヒメイカは隠れていないのかもしれない。そう思ってからスガモをよくみると、スガモはアマモよりも一本一本の葉が細く、より密に生えており、ヒメイカが隠れる隙間がないようにも感じられる。そもそもスガモは岩盤から生えており、底質もアマモが繁茂している砂地ですらない。本来の生息環境ではないのかもしれない。スガモは諦めて深場に生えるアマモに最後の望みを賭けるとなると、残された手段はダイビングしかなかった。

正直、気は進まなかった。小さいころに水泳を習っていたので、泳げないわけではなかったが、なんとなく海が怖かったのだ。遊びで何度か足がつかなくなるほどの位置まで泳いだこともあったが、水面から底が見えるような場所であっても、海底までの距離感をより強く感じてしまい、そこはかとない怖さを覚えた。これが底が見えない場所まで行ってしまうとなるとその恐怖はいかほどのものか。どこからかサメにでも襲われるのではないかという恐怖感も常にある。私の身近な海が北海道・東北エリアというのも影響したのかもしれない。沖縄のようなサンゴ礁広がる華やかな海とは違い、コンブが生い茂る北の海は色も鈍く、どこか物悲しいイメージがあった。それに加えて、何よりお金がなかった。ダイビングライセンスの取得に加え、高額な潜水器材を購入するには一〇万を優に超える資金が必要になる。幸い、潜水調査を行う研究室だったので、浮力調整を行うBCジャケットや空気をボンベ

左：ドライスーツを着用した様子、右：様々な潜水器材。

から口に送り込むレギュレーターといった重器材は共用のものを使うことができたが、それでもダイビングスーツやフィン、マスクなどの軽器材は自前で調達する必要がある。特にここ北海道の海に潜るためには、低水温に対抗できる体が濡れない完全防水の高額なドライスーツが必須であった（コラム1参照）。

バイトに精を出し、ダイビングに必要な資金を集め、必要な器材をすべて揃えた頃にはすでに九月を過ぎていたが、ようやく準備はととのった。いよいよ潜水調査デビュー戦である。研究室の先輩のサポートを受けながら、ドライスーツを着る。服の上から着用するドライスーツは関節が曲げにくく、動きも極端に制限される。それに加え、地元の作業潜水業者に見繕ってもらった私のスーツは厚手で若干大きめだった。十数キロある空気ボンベなどの基本的な器材の重さに加え、空気を大量に含むこのスーツを海中深く沈みこませるための鉛付きベストに、腰や足首につけるウエイトベルトなどで合計二〇キロの重りを身にまとっているので、歩くだけでも体力が奪われる。海藻が繁茂する斜路で滑って転ばないように気を付けながら、恐る恐る海の中に入り、窮屈なドライスーツを曲げ伸ばししながら必死にフィンを履く。マスクをつけ、潜る準備がすべて完了した時にはスーツの中の服は染み出た汗ですでに濡れていた。

ここまでですでに疲れ切っていたが、これでようやくスタート地点に立つことができた。呼吸を整え、気を取り直し、アマモが生えている場所までバタ足で水面を移動する。アマモ場の真上に到着するといよいよ潜航の時である。先輩にアイコンタクトとハンドサインで準備完了を伝える。まずはBCジャケットに溜まった空気を抜き、次にドライスーツの排気バルブを押して、スーツ内に溜まる空気を排出していくと、徐々に浮力が低下して体がゆっくりと海の中に沈み始めた。マスク越しの視界が水で満たされていく。フード内に入ってきた海水で濡れた頭がひんやりと冷たい。厚手のスーツ越しにかかる水圧が徐々に強くなるのを感じながら沈降していくと、まもなく底に足がついた。水深三メートルの砂地には大草原とまではいかないが、原っぱくらいの規模のアマモ場が広がっていた。水中から眺めるアマモ場は、知多半島で陸上から眺めた、くたっと横になったものとは異なる様相で、ピンと立ち上がった葉はとても綺麗だった。

アマモに見とれていてもしょうがない。一番の目的はヒメイカの採集である。手近なアマモに接近するために、立った状態から、泳いで移動するよう姿勢を横に倒す。水中を上手く移動するためには浮力を調整して、浮きも沈みもしない中性浮力の状態を保つことが重要なのだが、初心者の私はそれがうまくできない。そもそものスキルの低さもさることながら、BCジャケットとドライスーツの二つの浮力調整を行うのは至難の業だ。中途半端に空気があると、波に揺さぶられ姿勢が安定しないので、私はとにかくスーツ内のエアーを抜ききった。すると、一〇キロものウェイトベルトの重さが一気に腰にのしかかってきた。逆くの字に体が曲げられているようでとてもつらい。それでもなんとか前に進まなければいけないが、闇雲にフィンキックするなという先輩から前もって聞かされていた注意が頭をよぎる。我々が潜っている砂地で力いっぱいフィンを蹴りだすと、あたりの砂を巻き上げて、視界が悪くなってしまうというのだ。慣れない潜水で強いストレスに晒され

撮影：阿部拓三。

ているため、一目散にアマモに近づきたかったが、まだ見ぬヒメイカの採集を優先させ、はやる心をぐっと抑える。少しでもヒメイカ探しに影響がないように、平泳ぎの要領で足を左右にかきながら、ゆっくりと進み、ようやく手近なアマモの株にたどり着くことができた。

ヒメイカゲットだぜ！

さて、問題はここにヒメイカがいるかどうかである。登山用ロープで腕に括り付けたハンドネットを持ち直し、柄の部分を使って、目の前のアマモの葉を薙ぎ払う。ヒメイカがいるなら、驚いて飛び出すはずである。ひとかき、ふたかき、アマモの株を変えながら、アマモの葉をかき分け続ける。何度目の薙ぎ払いの後だったろうか。突如、横にいる研究室の先輩が透明な空間を指さした。目を凝らしてその指先を見るが、何も見えない。隣を見て、首をかしげる私を無視するように、先輩は何度も同じ場所を指さす。すると、ぼんやりと透明な輪郭が見えてきた。目をこらしてその場を見続けること数十秒。ようやくそれが小さいイカであることが認識できた。ついに念願だったヒメイカとの遭遇である。

この臼尻にもちゃんとヒメイカはいたのだ。喜びもさることながら、とにかく安心したというのがこの時の心情だった。ただ、感傷に浸っている余裕はない。目的は出会いではなく、採集である。網を持ち換えて、すぐにヒメイカを捕まえる。逃げ足の遅いヒメイカを捕まえるのは実はそれほど難しくない。面倒なのは水中で確保したヒメイカを確実に持ち帰る手段である。ここで登場するのが、先輩が作ってくれた潜水用のサンプリングボトル。プラスチックのボトル瓶の蓋は、押し込めば開き、手を離せばゴムの力で自動的に閉まる扉が付けられている。網の中のヒメイカをなんとかボトルの中に押し込み、これでようやく一安心である。瓶の中のヒメイカを見ると、さっそく瓶の壁面にくっつき、こちらの様子をうかがっている。ヒメイカを目にしたのは先生に渡されたとき、春日井さんと採集したときについで、これで三度目ではあったのだが、これまでには感じたことのない強い感動がそこにはあった。

五日ほどヒメイカ探索を繰り返し、合計で八個体のヒメイカを捕まえることができた。最初は一人で見つけることすらできなかったヒメイカだが、徐々に目が慣れ、調査の後半は一人で捕まえることができるようになった。ひと月に最低、雄雌それぞれ一〇個体ずつは採集したいともくろんでさぬドライスーツ。通気性が悪いスーツの中では汗が噴出してしまい潜る前にぐったりしてしまうし、身軽に動くことは難しい。そんなところも着ぐるみと一緒だ。

そもそも、なんでこれらのスーツなんて着る必要があるのか。ウェットスーツやドライスーツには保温・体の保護・浮力の補助の三つの機能があると言われている。一つ目の効果はすでに説明した通りである。二つ目の効果は特に海で重要だ。尖った岩肌や貝殻、ウニなど、我々の柔肌を傷つけるものが海にはありふれている。近づかなければいいだけだと思うなかれ、調査に熱中すればそんなことも頭から抜け落ちるし、突然の波に流されることだってあるのだ。三つ目の浮力補助も水中活動を大いに助けてくれる。空気調節できないウェットスーツの生地も気泡を多く含む構造になっており、黙っていても沈まないようになっている。溺れる心配もない。そんな理由から、ダイビングの有無に関係なく、水中で活動する際はウェットスーツなどの着用がおすすめだ。

Column 1

ウェットスーツとドライスーツ

ダイビングの際に着用するウェットスーツとドライスーツの違いについて、詳しく説明しよう。

ある程度水温が高い場所で潜る場合はウェットスーツを着用しよう。これは水着の上から着用するものなので、水中に潜ると、頸や手首足首の隙間から水がスーツの中に染みこんでくる。ところが、この水はスーツの中に留まるため、体温で温められることで保温効果が発揮され、長時間の水中活動が可能になる。体にあったスーツを着ないと、スーツ内に水が留まらないので保温効果が存分に発揮されないので要注意。しかし、あまりにも水温が低い場所ではいくらウェットスーツでも太刀打ちできない。そんなときは服の上から着用するドライスーツを選ぶべきだ。足の部分もスーツと一体化していて、頸と手首は水漏れが無いようにゴム製でスーツと肌の隙間をピッタリ防ぐ。遊園地の着ぐるみを着るようなものと思ってもらえばイメージしやすいかと思うが、着用するときは胸、もしくは背中側に横一文字に開いた穴を使う。チャックで塞ぐとスーツの中に水が入ることはない。厚手の服を着こめば、相当冷たい場所でもそれなりに活動可能だ。スーツにレギュレーターからのびるホースを接続すると、スーツ内の締め付け具合も自由自在である。ならば常にドライスーツを選べばいいかと思われるかもしれないが、そこは水も通いたので、サンプル数としては十分とは言い難いが、臼尻周辺に広がるアマモ場は決して広いとはいえず、あまりやりすぎると取りつくしてしまう気もしたので、ここらで切り上げることにした。捕らえたヒメイカは大きくずんぐりしているものと、小さくほっそりしたものの二タイプがいた。前者の外套膜には透明なつぶつぶの球状物質で詰まった組織である卵巣が、後者の外套膜には白い臓器である精巣が、透明な体から透けて見える。ヒメイカは雌の方が大きいのだ。

3 ヒメイカの分布と生活史を探る

急に立ち込める暗雲

採集した個体は体サイズを計測し、生殖腺を観察する。計測しやすいように、そしてその後の解剖のために、エタノールを使ってまずは麻酔をかける。飼育している海水の一パーセントほどの量のエタノールを混ぜた溶液にヒメイカを晒すと、呼吸が徐々に緩やかになり、やがてピンセットでつついても何の反応も示さなくなる。完全に麻酔にかかったのを確認した後、ホルマリンを使って固定、つまり生き物を殺して長期的に保存する。次に、ノギスや体重計を使って体サイズの測定を行う。イカの大きさは足を含めず、背中側の外套膜の長さ、これを外套背長というが、これを体の大きさの基準にするのが普通である。小さいヒメイカはとても小さなノギスで事足りるので、計測しやすい。一方、体重に関して雄は〇・一グラムにも満たない場合が多いので、使用する秤も薬品を計測するための特別なものを使う。ここまで小さいとちょっとした水分でも大きく数値が変わってしまう。そこで、体についた水分をティッシュペーパーなどの紙製品でしっかりぬぐっておくのが重要である。

体サイズを計測した後は、解剖して生殖腺を取り出す。水を噴射する漏斗（アニメなどのイカのキャラクターでおちょぼ口として描かれる部分である）の部分を上にして、外套膜をハサミで切り開くとほとんどの内臓を簡単に見ることができる。解剖の手軽さも手伝って、近年では高校などの生物実験でもイカを使うところもあるようだ。取り出した生殖腺は組織観察によって、成熟状態にあるのかどうかを確認する。生殖腺をワックスで固める包埋（ほうまい）という作業を行い、ワックスごと目的の器官を薄く輪切りにすることで組織切片を作成する。これをスライドガラスにのせて組織が見やすいよう染色液で染めて完成したプレパラートを顕微鏡で観察し、精子や卵の状態から成熟状態を判断するのだ。するとどうだろう、この月のヒメイカは雄も雌も十分に成熟しているではないか。なるほど、どうやらここ臼尻では九月は繁殖期真っただ中であるようだ。南知多町沿岸では、この時期は小型世代の繁殖期にあたるが、臼尻個体群の体サイズは小型世代の範疇に収まらない。雄で九ミリメートル、雌は一三ミリメートルと異常に大きいのである。一センチほどの大きさで何を言っ

6月のごく短い期間にはどちらの世代の個体も採集される。麻酔して雄を並べると大きさは歴然だ。

ているんだと思われるかもしれないが、知多個体群の小型世代の体サイズは雄で五ミリメートル、雌でも八ミリメートルほどで、私からすると明らかに小さく感じるのだ。このわずかな違いは実際に大きさを測ったことがないとなかなか伝わらないかもしれない。とにかく、ひと月だけの結果ではあったが、これまで報告された本州での生活史と大きく異なりそうな予感に大満足である。

翌月もヒメイカは順調に採集できた。潜水を重ねるにしたがい、海底にへばりついているようなみっともない水中姿勢も徐々に改善され、ヒメイカの姿もはっきりと追えるようになった。一〇月になっても採集されたのは十分に成熟した個体だった。上々の成果である。風向きが変わったのはその月に開かれた複数の研究室が合同で行うゼミの場だった。修士課程の一年生に与えられた研究成果の中間発表で、たった二か月間の採集成果しか手持ちのデータはなかったが、従来の生活史パターンとは異なることを示す結果を意気揚々と発表した。すると、イカの生態研究を専門にする隣の研究室の桜井泰憲先生がおもむろに手をあげ、口を開いた。

「これって死滅回遊じゃないのか?」

本来の生息場所から、海流などによって分布域外に輸送されるが、冬季の水温低下等によって繁殖まで生きることなく、定着に失敗する現象を、死滅回遊、または無効分散と呼ぶ。熱帯域に生息するスズメダイの稚魚がたまに北海道などで発見されるなんて話を聞いたことがある人もいるかもしれない。たいていは、泳ぐ力があまりなく、海流の影響を受けやすい稚仔魚に限定される話ではある。一般的な回遊が、摂餌や繁殖のための季節的な大移動であることを考えると、そこからこぼれてしまった先の無い回遊を死滅回遊と呼ぶのは言いえて妙である。

その後の桜井先生からのコメントを簡単にまとめると、臼尻でヒメイカが獲れだした九月というのが、臼尻が面する噴火湾に津軽暖流が流れ込む時期とちょうど一致する。そして二月に二度まで海水温が低下する道南エリアの海でこのイカが生存できるとは思えない。以上の二点を根拠に死滅回遊の可能性を指摘したというわけである。もちろん九月からヒメイカが獲れだしたという結果は、単に私が潜水採集を開始したタイミングが九月だったというだけのことでもあるので強い根拠とは言えないが、激烈に水温が低下する冬場の北海道周辺の海域ではこれまで報告がほとんどされていないこのイカが越冬できないのではないかという指摘はとても説得力があった。北海道のヒメイカが死滅回遊生物となると、研究テーマの重要性が根本から崩れる。私の研究はすでに春日井さんによって報告されている本州・知多個体群の生活史と比較することで、水温による繁殖タイミングや成長への影響を調べることを目的としている。なので、比較するための北海道、臼尻個体群がその場所で世代を完結していない、イレギュラーなものであったとなれば、本州に安定して生息しているヒメイカとの生活史の比較が成り立たないのだ。せっかく歯車が上手く回りだしたと思ったとたんにこれである。もう一度、研究計画を見直す必要が出てきてしまった。

消えたヒメイカ

まず、この北海道で採集されるヒメイカをどうするかである。そもそもの研究のスタートがここからなので、死滅回遊かもしれないからといって、簡単にこの調査をやめるわけにはいかない。そのために大枚をはたいてダイビング器材を買い揃え、調査を行う環境を整えたのだ。そこで、知多個体群との比較はできなくても、本当に指摘の通り臼尻のヒメイカが死滅回遊個体群なのかを確かめるべく、引き続き採集調査を行うことにした。ただ、採集調査による出現情報の確認だけでは死滅回遊を示す証拠として弱いので、問題の冬季水温でもこのイカが生存できるかどうかという低水温への抵抗力を調べる実験もここに加えて内容を補強する。

月日が進むに従い、順調に海水温は低下し、一二月には七度を下回るほどになったが、一一月も一二月もヒメイカは臼尻で採集された。一一月からはサイズが若干小ぶりになり、未成熟状態の個体も混じりはじめ、一二月には完全に未成熟状態の個体だけが採集されるようになったため、どうやら一一月あたりで世代交代が起こったようだ。しかし、一月になるとヒメイカがまったく採集されなくなった。アマモ場を探しても探しても、ヒメイカの姿が見つからない。というかそもそも生き物自体がそんなに見つからない。アマモの葉をかき分けても現れるのは小型のヨコエビ類だけである。もっとも、一月の海水温は四度ほどまで下がっていたので、生き物が少なくなったのは無理もないのかもしれない。

ヒメイカがいるかどうか分かっていなかった一月はまだよかった。もしかしたらいるかもという気持ちがあるのでモチベーションもそれなりの高さに保たれている。しかし、一月の結果を受け、どうやらここにはヒメイカがいないようだと実感してから行う二月以降の調査のモチベーションは非常に低い。二月になると、とうとう海水温は二度台に達し、再び出現する見込みがほとんどないように思えた。そんなモチベーションで行う低水温ダイビングである。潜水開始と共にグローブやフードに入り込んでくる水の冷たさは刺々しいほどで、すぐに軽い頭痛に襲われた。ちょうどかき氷を急いで食べた時のあの感覚である。それでも一分もしないくらいでグローブやフード内の水は体温で温められるので、頭痛や指先の痛みに悩ませられる嫌な時間はそんなに長く続くわけではない。

つらい点はむしろここからで、体温で温められた水も時間経過で徐々に冷たくなってくるのである。冷たいのは手と頭だけかと思われるかもしれないが、水に触れない体の部分もしっかり冷え切る。ドライスーツの中はスキータイツやジャージ、フリース等、何重にも重ね着しているが、それでも時間と共にどんどん体は冷やされ、潜水時間も三〇分を過ぎると、底冷えという言葉の意味を実感するほどの寒さに襲われる。自然と体も震えだし、じっとしていられなくなるのだ。当然、そのころになると、体温で温められ、あたたかな水におおわれていたはずの指先はとうにかじかみ、刺すような痛みにさいなまれる。

タンクの減りも早く、夏、秋と一時間以上は楽に潜れていた空気ボンベと同じものを使っていてもこの時期は五〇分ほどしか潜ることができない。体を温めるための震えなど余計な動きが多くなり、いつも以上に呼吸をしているのだろう。最も、潜水時間が短くなる理由は時間的制限というよりは、精神的、体力的な制限からくるような気もする。探しても探してもヒメイカが見つからないので楽しさもなければ驚きも発見もない。いまだ水温が上がらない三月はこんな寒さで生き延びられるわけがないという思いがより強くなっており、潜る前からモチベーションは下がりきっていた。海から上がると、雪が降っている日も少なくなかった。北海道なので、気温は当然水温よりも低く、氷点下に達しているが、ドライスーツを着ているため寒さはそれほど問題にはならない。それよりも一番の問題は潜水で冷え切った体を襲う激しい尿意である。すぐに脱げない重器材と防寒目的のドライスーツが最後に立ちはだかる障害だが、この困難に立ち向かい続けたおかげで幾分か器材の片づけが素早くなった気がする。

ちなみに、ここまで低下した水温の中で何度も潜水していると、温度に対する感覚が研ぎ澄まされ、潜っただけで、その日の水温が二度台なのか、三度以上あるのかが分かるようになってくる。なんとなく三度の日は頭痛が軽く、心なしか温かく感じるのだ。この能力についてはこの時期に潜水していたメンバーのほとんどが同意しているので、私だけに備わった特殊能力というわけではないようだが、あるあるネタとしては狭すぎて、未だにこの話を披露する場には恵まれていない。

北国ヒメイカは死滅回遊

さて、採集調査と並行して行わなければいけないのが、ヒメイカの低水温耐性を調べるための水槽実験である。一二月から水温が上昇し始める三月下旬まで、臼尻の水温をベースに、そこからプラス二度、四度、六度の条件に設定した四つの六〇センチ水槽を用意し、それぞれに臼尻で採集したヒメイカを八個体導入し四か月にわたる長期飼育を行うことにした。すると臼尻の水温条件では四度台まで下がったあたりから、一個体、また一個体とバタバタとヒメイカが死んでいき、二度に達した二月にはすべての個体が死亡してしまった。餌には臼尻の前浜で採集可能なヨコエビの仲間をすべての水槽に与えていたのだが、この条件ではヒメイカは水槽にくっついたままでほとんど動く気配がなく、ヨコエビを食べている様子もまったく見られなかった。一方、他の三条件では、三月まで生存することができた。プラス二度の条件であっても実験中の最低水温は四・五度まで低下していたが、そんな低水温条件でもヒメイカが最後まで生存できたのは大きな驚きだった。この実験から明らかになったことは、やはり臼尻の冬季水温ではヒメイカが生存するのはかなり難しいということだが、それと同時に、低水温に対する耐性はかなり高く、もう少し水温が上昇すれば越冬は可能かもしれないということだった。ヒメイカの潜在能力の高さを示す特筆すべき発見だった。

それでは、海水温が上昇に転じた三月後半以降の野外採集の結果はどうなったのか。上がり始めたとはいえ、臼尻沿岸の水温の上昇幅はゆるやかで一〇度を超えたのは七月を超えた頃である。それでも水温上昇と共に生き物も徐々に増えて、月を追うごとに海の中は目に見えてにぎやかになっていった。特に五月はブルーミングと言われる植物プランクトンの大増殖があり、水中は急に濁りだす。この時期は北の海の魚たちも繁殖期を迎える種類が多く、所属研究室のメインの対象生物であるカジカ類は、求愛に、産卵した卵の保護にと忙しく、傍から見てもなんだか楽しい。しかし、そんなにぎやかさとは裏腹に、ヒメイカの姿はこの時期も見ることはできなかった。

再び臼尻でヒメイカの姿を見たのは最初にヒメイカを採集してちょうど一年後の九月だった。丸一年採集を行ったということで満足した私は八月で定量的な採集調査を打ち切ってしまったため、正式なデータとしては記録に残っていないが、個人的な観察記録として間違いなく九月に再登場したことが記録されている。このような出現傾向は次の年も同様だった。つまり、私が採集調査を開始した時期は偶然にも彼らの出現時期とかぶっていたということである。ヒメイカが獲れないと悩んでいた一年前だが、もしヒメイカがまだ獲れない八月に調査を開始していたら、臼尻にはいないと思い込み、この研究テーマを諦めていたかもしれない。そう思うと、私の運もまだ捨てたものではないのかもしれない。

さて、これら一連の結果から考えられることは、やはり臼尻のヒメイカ個体群は死滅回遊生物である可能性が高いということだ。桜井先生が指摘されたとおり、九月はちょうど臼尻が面している北海道の噴火湾内に津軽暖流が流れ込む時期である。急に成熟状態のヒメイカがこの地に現れたのは、海流によって南の方から流されてきたからであろう。体が小さく、基質に粘着するという特徴は、普通は分散が起こりにくい大人になった個体を運ぶということに繋がったと思われる。付着した海草ごと潮で流されたヒメイカの成体が新天地にたどり着くことで、すぐにその地で繁殖を行うという荒業が可能になったのではないだろうか。やがて孵化して成長した個体と入れ替わるように世代交代が行われるが、それもむなしく、冬場の低水温によって越冬することが叶わず死滅してしまった。そんな悲しき個体群がここ臼尻で獲れたヒメイカというわけである。[6]

研究テーマの見直し

こうして、臼尻に出没するヒメイカのおおよその素性を理解することができたものの、あくまでもこれは分布域の限界を見極め、ヒメイカの分散についての情報をアップデートしたに過ぎない。水温がヒメイカの生活史にどのような影響を及ぼすのかという当初の研究計画は宙に浮いたままだ。なんとか臼尻のヒメイカ個体群のようなイレギュラーなものではなく、ちゃんと世代が継続されている定着した個体群のうち、知多半島よりも水温が低い地域でヒメイカが採集できる場所はないだろうか。都合がいいことに、この要望に応えてくれるうってつけの人物が身近なところにいた。宗原先生と長年、カジカの研究を通して親交のあるダイビングガイドの佐藤長明さんである。当時、宮城県の志津川湾を望む南三陸町に店を持ち、現地でダイビングショップを経営しながらガイドをしていた佐藤さんだが、臼尻実験所が企画した小中学生対象のスノーケリング教室の講師として臼尻にも何度か訪れ、その際に、南三陸町ではヒメイカが年中出現するという話をされていた。東北の宮城であれば水温は名古屋よりも大分低いに違いない。臼尻の代わりとしてはうってつけの候補地である。お金と時間と労力の点から、さすがに毎月函館から宮城まで出かけてヒメイカを採集することはできないが、それでも数か月おきに四回採集して、知多半島とこの志津川の個体群を比較してみる価値はありそうだ。

さらに、体サイズの季節変化に加え、まだ手を付けられていない生活史に関わる形質、日齢の計測にも手を出すことにした。周年採集を行うことで、体サイズや成熟の季節変化が分かり、なんとなくその推移から生活史を推測することはできるが、これはあくまでも間接的な証拠である。いつ生まれたのかを示す直接的な証拠を得るには採集個体の日齢を知るしかない。実は、名古屋に訪問した際に、こっちで採集してサンプルを送るから日齢査定をやってみたらどうかという提案を春日井さんから受けていた。そのときはまだその重要性がよく分からず、そこまでやらなくてもと、なんとなく話を聞くだけに留めていたのだが、頼みの臼尻個体群が比較対象として機能せず、代わりの志津川個体群がそれほど頻繁に採集調査ができないとなり、ここにきてその時の話が急に重要度を増してきたのだ。少しでも新規の要素を付け足さないと研究のオリジナリティーが確保できないというピンチを前にして、藁にもすがる気持ちでこの手法に飛びつくことにした。早速、春日井さんに相談すると、一年間は月一で採集してサンプルを送ってくれるという心強い回答を得ることができた。春日井様様である。

南三陸町での採集は二〇〇五年の二月、六月、九月、一一月となんとか四回行うことができた。函館からフェリーで青森に渡り、そこから宮城の志津川までは、自動車をひたすら走らせる。岩手と宮城という若干の違いはあるもののそこは隣の県。大学生時代にさんざん眺めたリアス式海岸への帰還には変わりない。まさか再びこの地に戻ってくるとは京大への大学院進学に躍起になっていた当時は想像だにしなかった。入り組んだ入江が連続し、海岸線に沿って走ることがままならない感じは変わらないが、大学生時代に過ごした岩手と違い、南三陸町志津川湾にはカキの養殖筏がたくさん浮かんでいるのが印象的だった。南三陸町の海も臼尻同様、胴長で採集できる深さにアマモは生えていなかったため、採集のためには潜水しなくてはいけない。潜ってみると、そこにはアマモではなく、タチアマモと呼ばれる種類の違った海草が繁茂しており、どうやらここをヒメイカはねぐらにしているようだった。一メートルほどの葉っぱのアマモと違い、タチアマモは五メートルにもおよぶ長い葉をもち、その名の通り海中で立ち上がるように葉が水面まで伸びている様子は竹のような雰囲気があった。臼尻で見たアマモ場が海中いっぱいに広がる草原だとしたら、ここ南三陸町のタチアマモ場はまるで竹林といった様子である。背の高いタチアマモを薙ぎ払うのは一苦労だったが、それでもヒメイカを見つけるにはそれほど苦労しなかった。果たしてここの冬季水温は六度までしか下がらず（それでも十分に冷たいが）、ヒメイカはどの時期でも無事に採集することができた。

タチアマモの草原

志津川湾に潜ると、そこには砂地からまさにそびえたつようなタチアマモの群落が現れる。水深1～2m地点に生えるアマモとは違い、水深5mほどの深さから水面まで達するほどの高い背丈のタチアマモは波に揺れることもなく、その様子はまるで竹林のようである。撮影:佐藤長明。

成長を記録する石

こうして、なんとか南三陸町と知多半島、それぞれの一年を通したサンプル（南三陸は四回分、知多半島は一二回分）を手にすることができた。次はこれらのサンプルの日齢の査定である。頭足類では平衡石と呼ばれる硬組織によってこれを行う。成長に伴い、イカ類の体の軟体部分は合成と分解を繰り返すため、成長の履歴はどこにも残らない。しかし、常に合成のみを繰り返し分解が起こらない硬組織では、過去の組織を覆うように新しい組織が上塗りされるため、成長の痕跡が残る。生まれた時点から存在する起点となる部位すなわち核から、最新で合成された部位である縁辺部までが一つの面に並ぶようにこの硬組織を切断すると、一日ごと、もしくは一年ごとの成長の痕が線になり、成長履歴が形となって現れる。同じような手法で最も有名なのは樹木の切り株で見ることができる年輪だろう。

イカの頭部、ちょうど眼球の上に、左右一対の姿勢をコントロールする器官、平衡胞がある。この器官の中にある平衡石が今回の日齢査定のカギを握る組織である。この石は体が傾くと重力によって平衡胞の中を転がり、その動きが感覚器を刺激する。この刺激によって、自身が上を向いているのか、横を向いているのか等の姿勢の状態を知ることができるというわけである。平衡石を取り出し、研磨することで、木の年輪同様、成長履歴を示す線が現れる。この線の数を数えれば、彼らの寿命を推定することができるのだ。幸いなことに隣の桜井研究室にスルメイカの平衡石を使った

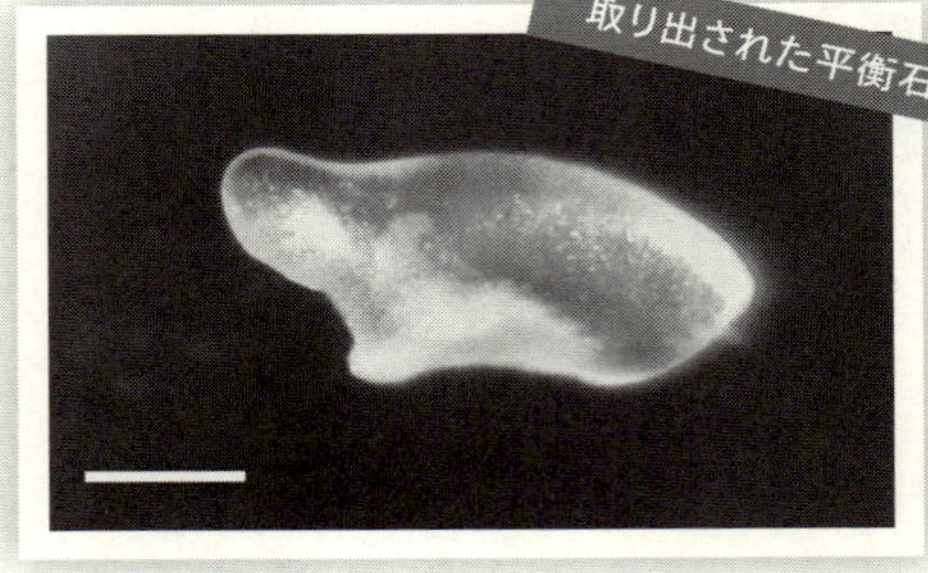

スケールは100μm。

研究をしている先輩がいたため、この石の取り出し方を一から教えてもらうことができた。

ヒメイカの平衡石は長径が〇・五ミリメートルにも達しないため、肉眼では見つけることもままならない。慣れないうちは取り出すことも難しい。そのため作業はすべて実体顕微鏡の下で行われる。エタノールで固定した個体の眼の上あたりをハサミで切断し、柄付針でこまめに断面をほじくっていくと、コメの削りカスのような硬組織がポロンと転がり出てきた。摘出完了である。

次は平衡石の研磨だ。残念ながらここからは教えてくれる人もいないので、日齢査定に関する論文を読みながら手探りでやっていくしかない。取り出した平衡石を壊さないように気を付けながらピンセットでつかみ、無くさないように慎重に取り上げる。エタノールで平衡石に残る肉片を粗く落とした後、スライドガラスの上に透明なマニキュア液を一滴たらし、そこに研磨する面を上になるように平衡石を置いて固定する。速乾性ですぐに入手可能なマニキュア液は固定液として最適だ。これが乾いた後、目の細かいサンドペーパーで起点となる核の部分が見えるまで丁寧に削っていく。この加減がなかなかに難しい。少し削っては断面を観察し、中心となる核のところまで研磨できたかを確認する必要がある。こういうこまめな確認を要する作業は大雑把な私の最も苦手とするところだ。横着して状態を細かく確認せず、感覚を頼って削ったせいで、目的の場所を大幅に過ぎて削ってしまったことは一度や二度ではない。このようなイラつきとの戦いの末になんとか研磨できた平衡石をカバーガラスで封入し、ようやくプレパラートが完成する。最初のうちこそ、どれくらい研磨すればいいのか分からず、一日で五個体分ほどくらいのプレパラートを作るのがやっとだったが、徐々にコツをつかみ、一週間ほどですべてのサンプルから平衡石のプレパラートを作成することができた。

ヒメイカの寿命を探れ

次はいよいよ成長線の計数である。今度はより高い倍率の生物顕微鏡の出番となる。顕微鏡に備え付けたカメラによって平衡石の断面画像を取り込み、ディスプレイ上で核から縁辺までの成長線の本数を計数していく。線の本数を数える簡単な作業だと思うなかれ、これがなかなかに難しい。そもそも、線の太さが一定ではないので、はっきりと見えるものでもない。それに加え、顕微鏡で撮影するほどの微細な画像はピントが少しずれると、一本の線が二本にも三本にも見える。平衡石や魚の耳石で成長線を見たことのある先輩達に相談すると、「心眼を使って見るんだ！」というおよそ科学にたずさわる者とは思えない言葉が飛び出すあたり、この難しさはヒメイカの平衡石に限ったものではないようで、私と同様にこの手法で日齢査定をするもの皆が計測をするうえで苦しんでいるように感じられる。もっとも、ここで言う〝心眼〟というのは出鱈目に見るということでも、オ

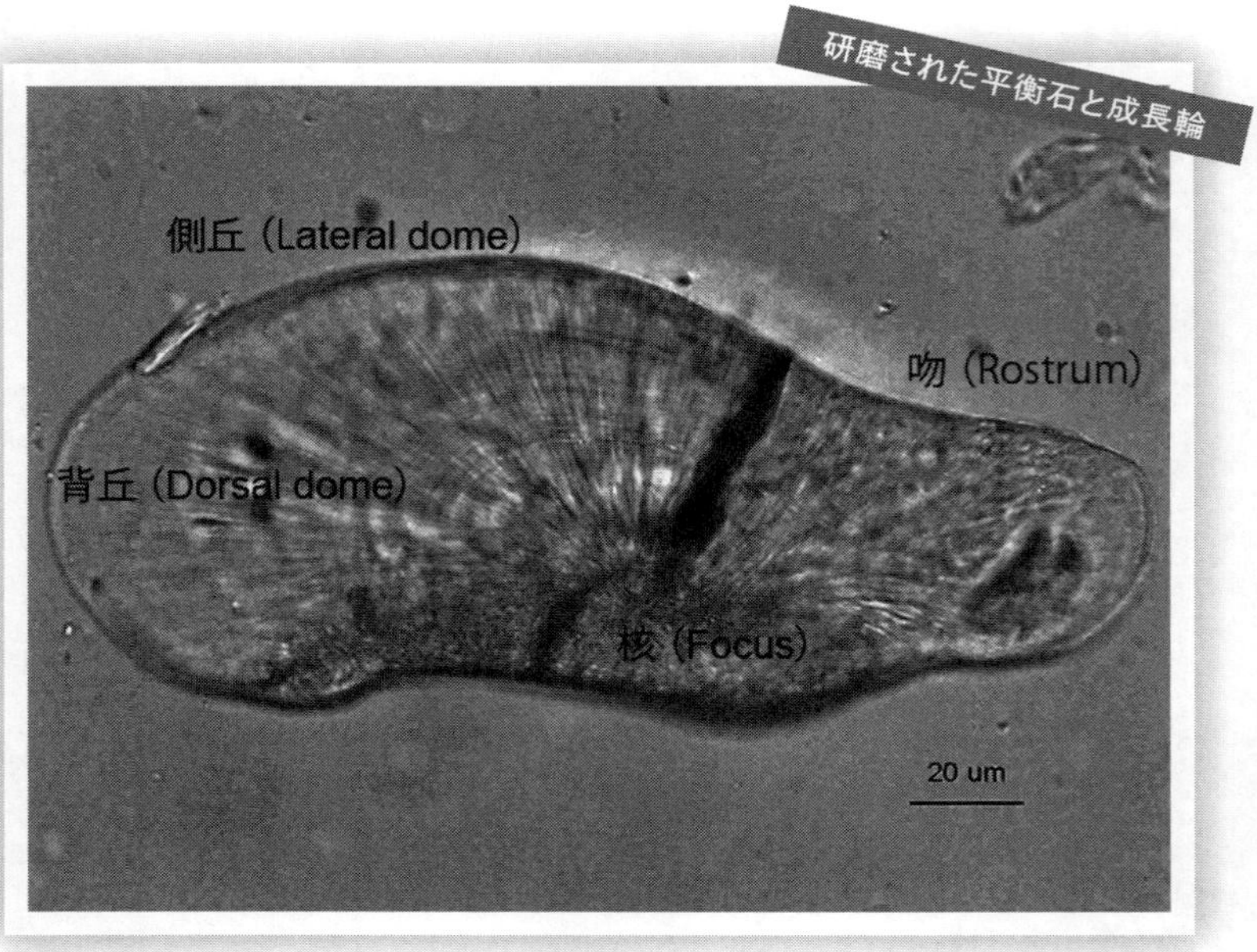

カルトのようなことでもなく、何度も計測していると、どのラインが重要なのか計測者の中で基準ができて、適切なラインが分かるようになるという意味である。そんなアドバイスを最初のうちは疑念に満ちた心であまり気にも留めていなかったが、計測を繰り返すとその心がだんだんと分かってくるものだからおもしろい。もちろん、この不確かさを補うのは心眼だけではない。たいていの場合、一回の測定値を使うのではなく、三回計測して、大きく外れた値のデータを除いたり、計測者を複数人使うなど、この計測値に客観性を持たせるための対策がとられているので安心してほしい。

さて、繰り返し成長線を計測してたどり着いたのは、越冬に成功した大型世代の個体で最大一五〇本の成長線（輪紋）が、小型世代の個体では六〇本の輪紋をもっているという結果だった。これまで誰がどうやって寿命を調べたのかは分からないが、ヒメイカは漠然と九〇日ほどと寿命が短いとされてきた。小型世代にあたる八月の個体の輪紋数から考えるに、この時期の寿命は最大で六〇日と短く、従来の予想よりも寿命が短いほどだ。しかし、これまでの周年採集による体サイズの季節変化から考えると、妥当な値であると言える。一方の大型世代の輪紋数から考える寿命は一五〇日と大幅に記録を更新する結果であった。しかし、採集月ごとの体サイズの成長パターンからは二〇〇日を超えてもおかしくないと予想していたので、こちらに関しては予想が大きく外れたといっていいだろう。また、同じ世代ということは、採集間隔と輪紋数の間隔が一致しているはずだが、残念ながら一か月ごとの寿命の間隔も三〇日に達していない。そうなってくると、頭をよぎるのは、私のやり方で正確に日齢査定ができているのかということである。

そこで、この輪紋が一日周期で形成されているのかという最も基礎的なところからヒメイカの日齢査定を見つめなおすことにした。ここで活躍するのはテトラサイクリンという蛍光物質である。これを海水に溶かし、その中で一定時間ヒメイカに過ごしてもらう。すると水溶液中のテトラサイクリンが体内に入り、平衡石に取り込まれる。そこから一定の日数を開けてもう一度、この水溶液にヒメイカを暴露する。数日置いてから、改めてこのイカを固定し、平衡石を取り出し、研磨すると、そこには二本の蛍光ラインが形成されるはずである。この二本の蛍光ライン間に形成された輪紋が、二度目のテトラサイクリン溶液暴露までの日数に一致していれば、ヒメイカにおいて輪紋が一日に一本形成されたと証明されるわけである。

一六個体を使った実験の結果だが、六個体で一日一本の輪紋形成が確認できたものの、残り一〇個体においては、予想よりも形成された輪紋の数ははるかに少ない値だった。八日間隔までは一致している個体が多かったものの、一一日、一四日と間隔が長くなっても計数できた輪紋は八本ほどに留まった。これらの結果を踏まえると、私の日齢査定の結果は実際の寿命を過小評価し、短く見積もっている可能性が高い。平衡石の取り出しから、研磨、輪紋計測となかなかに苦労する作業の連続だっただけに、はっきりとした結果を得られなかったことには少々、いやなかなかにがっかりしたが、すべての結果が得られたときはすでに一二月も中盤に差し掛かっており、修士論文の研究発表や論文提出の締め切りが間近に迫っていたため、悲観している余裕もなかった。今回の結果をネガティブにとらえると平衡石による日齢査定に信ぴょう性がないということで終わってしまうが、過小評価こそしていたものの過大評価をしていたわけではないため、ここはヒメイカは少なくとも一五〇日以上の寿命があるという結果が得られたと前向きにとらえることとした。[7]

たどり着いた修論発表

こうしてなんとか臼尻、南三陸町、知多半島、三地点のデータを得ることはできたのだが、それでも手にしたデータにどこか頼りなさを感じていた。それもそのはず、臼尻個体群は死滅回遊というイレギュラー、代わりとして用意した低水温地域である南三陸の個体群は四回しかサンプリングができておらず、完璧にデータがとれた知多半島個体群は平衡石による日齢査定の結果は得ることができたものの、春日井さんの研究の二番煎じといった印象がぬぐえない。そこで、これらのバラバラの研究成果をなんとか一つにまとめるために、最後のダメ押しとして、全国に広がるヒメイカの出現情報を、日本各地でダイビングサービスを営み、現地のガイド業を行っているダイバーさんに伺い、ヒメイカの分布を総括することにした。当然、私にはダイバーさんへのコネクションはないので、南三陸町でお世話になった佐藤さんにヒメイカを認識している生物に詳しいダイバーの選定から紹介まで、ここでも力になってもらった。それぞれの場所でヒメイカがどの月に出現するのかアンケートを行ったところ、南は沖縄から鹿児島、和歌山、富山に静岡、宮城、青森と、日本に幅広く分布していることが改めて確認できた（図2）。あくまで各地のダイバーさんのアンケートであるので、科学的な根拠として十分ではないが、ヒメイカが日本全国のアマモ場に生息していることは非常に貴重な情報である。もっとも、沖縄にいるヒメイカは、のちに新種ということが明らかになるのだが、これについては最後の章で触れたいと思う。

こうして、右も左も分からず突き進んだヒメイカの生活史研究は、紆余曲折ありながらもどうにかこうにか修士論文という形にまとめることができた。しかし、継ぎはぎだらけの私の研究は修士論文発表会の場でも、特に聴衆の興味を引くことはなかった。同期の洗練された研究発表に、多数の質問や意見が殺到したのとは対照的に、私の発表後には、一人の先生から研究内容の不備を突く厳しいコメントが一つあったきり。座長の宗原先生が別の先生に水を向けても、「特にないです」と簡単に処分できるということもあるのだろう。生物自体の数が多くて、絶滅の心配もする必要が無さそうだ。上記の理由から、殺すという選択肢を選ぶハードルがそもそも低いのである。

そうは言ってもルール無用で生物を殺しているわけではない。動物倫理のガイドラインというものがあり、研究機関ごとに独自の講習を受講することが義務付けられている。特に、脊椎動物以上の動物の扱いについては、厳しい制限が決められており、苦痛を与えるような実験は認められないが、無脊椎動物についても、殺処分の数が必要最低限の量かどうかをケアしなくてはいけない。論文を投稿する際は、科学雑誌の編集者から厳しく手法が審査され、すばらしい研究であっても倫理的に大きな問題がある場合はその論文は受理してはもらえない。

市場で新鮮な魚介類を捌く様子が日常に溢れている我々日本人にとってイカやタコを殺すことはそれほど気に病むことではないと思う人が多いかもしれないが、彼らは無脊椎動物ながら高い認知能力を持つ生き物ということでその規制は脊椎動物レベルまで上がり、近年はことさら気をつけて扱わなければいけなくなった。そういう状況で研究をしてきたので、麻酔無しでイカを殺すことは抵抗がある。ただし麻酔をつかうと食べることができない。供養の方法としてはどちらがいいのか時々悩む。

Column 2

水産無脊椎動物の命の扱い

動物の行動生態研究と聞いて、動物に危害を加えない平和な研究をイメージする人は多いかもしれない。そういう人からすると私の研究手法は野蛮極まりないと感じられるのではないだろうか。多くの無脊椎動物はその生物の特性から、どうしても途中で殺処分することになるケースが出てくる。小型の生物になればなるほど、個体に注目して継続的にデータをとることが極めて難しくなってくる。これが哺乳類や鳥類といった脊椎動物だと、対象生物を捕まえなくても体の模様の違いを手掛かりに個体識別することができたり、体が頑丈なので何度も捕獲して個体を確認できたりする。そのため、時間の経過に伴う体の変化を計測する、発信機をつけて移動経路を追跡するなんてことも可能となる。一方、小さくて数が多い無脊椎動物は、外見からどの個体かを判断するのはほぼ不可能だし、捕まえた時点で生物自体に大きなダメージを与えることも多い。捕まえた動物の情報を最大限生かすために、集団に影響のない範囲で対象生物を殺すという手段をとることになってしまうわけだ。

残念ながら殺すことの心理的抵抗感が薄いということもあるだろう。人でなしと思われるかもしれないが、普段、殺生とは無縁の一般家庭に育つあなたも蚊やらゴキブリやらを躊躇なく殺していたりしないだろうか。それはおそらく、小型の生物ゆえに、

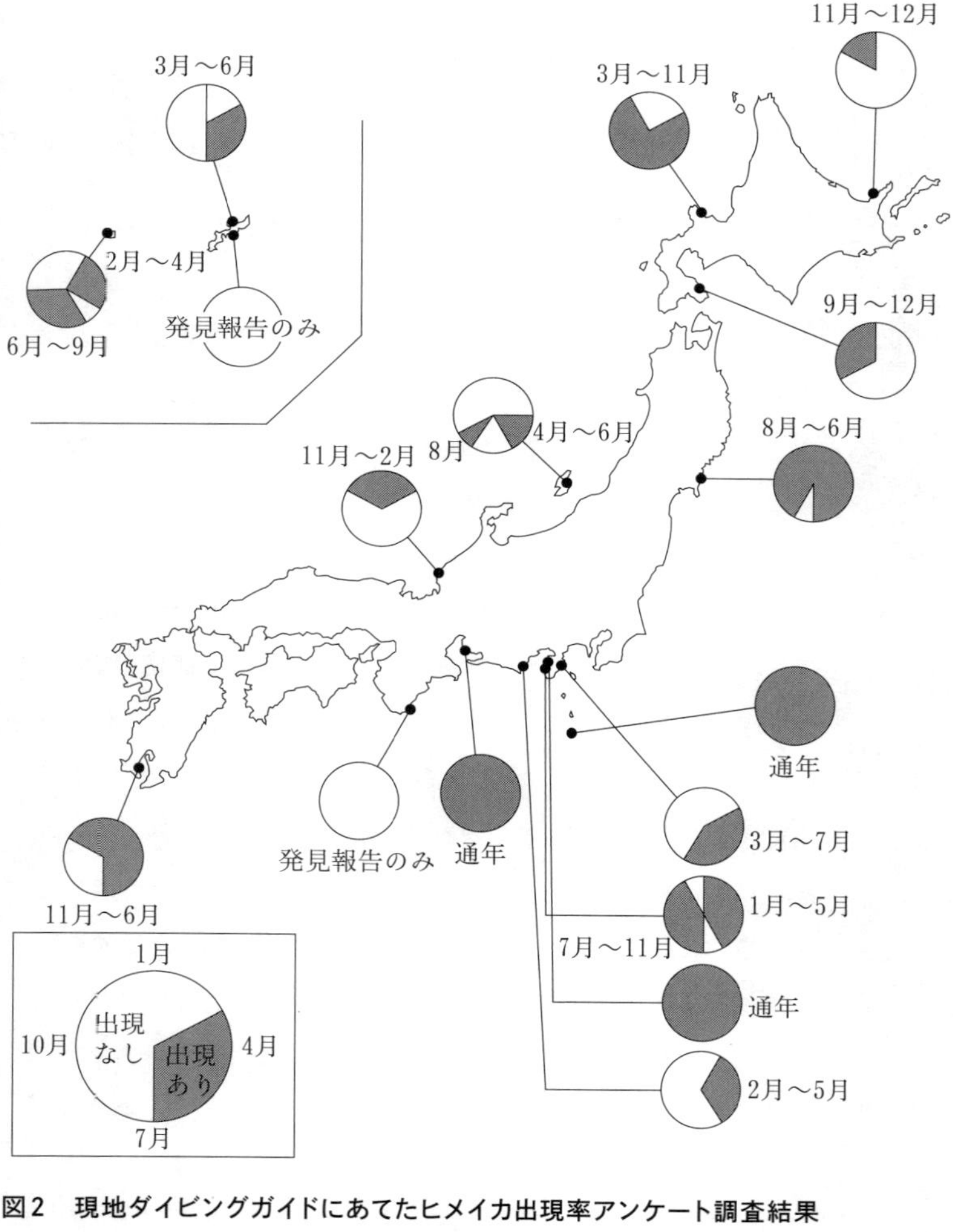

図2　現地ダイビングガイドにあてたヒメイカ出現率アンケート調査結果

いう寂しい返答しかなかったのが余計につらかった。唯一のコメントの内容は深い記憶の底に沈み、思い出すことはできないが、かなり否定的な内容だったことだけは覚えている。

そんな深いダメージを受けた修士論文発表会だったが、終了したその日の夜には、オーストラリアで開催された頭足類の国際学会に参加するために機上の人となっていた。人生はじめての学会が国際学会ということでかなり緊張していたが、そもそも海外に行くのがはじめてなので無理もない。修士論文発表の準備と同時並行でこの学会の準備を行っていたため徹夜をくり返し、頭はまるで働いておらず、とても万全の状態とは言えないが、今後も研究生活を行っていくためには外せない学会だ。是非ともいい反応を貰いたいところだったが、ここでのポスターを使った研究発表でも、やはり何のリアクションも得ることはできなかった。新たに生まれた劣等感が急速に膨れ上がっていく。こんなはずではなかった。自分はもっとやれるはずだ。こんな結果になったのは、数多くのつまずきがあった生活史研究のせいだ。この時はうまくいかない現状をただただ選んだ研究テーマのせいにするしかなかった。

さて、死滅回遊だと判断された臼尻個体群のその後について最後に簡単に紹介しよう。たいていは二度まで低下する冬季水温だが、その後もモニタリングを続けていると、温暖な年も出てくるようになった。特に、二〇〇八年は四・五度までしか水温が低下しなかったが、なんとこの年はヒメイカが一月以降も採集され続けたのである。[8] まさに、低水温耐性実験による、四度では生存可能という予測を裏付ける結果である。つまり、この年、ヒメイカは臼尻への定着に成功したということだ。私が臼尻を去った後は、また水温が二度まで低下した年がでてきたため、再び臼尻個体群は死滅してしまったようだが、この定着と死滅の揺り戻しは、まさにここ臼尻がヒメイカの分布拡大の最前線であることを証明している。今後、気候変動により冬季の海水温の上昇が安定すると、彼らの臼尻での生息も安定したものとなり、ここがさらなる北方への分布拡大の前線基地となっていくのだろう。

2章

密かに燃えるヒメイカの恋

1 念願の行動観察

イカの繁殖は面白い

修士課程を終え、博士課程へ進学するに伴い、研究テーマをヒメイカの生活史から行動をあつかうものに変えることにした。その理由はもちろん、動物の行動を研究することが大学院進学の原動力だったということが一番だが、安定したヒメイカの個体群が身近におらず、ヒメイカの生活史をテーマにしたのでは研究にならないことが分かったというのも大きい。いずれにせよ、ようやく念願だった行動研究の開始である。この二年間、博士課程でどのような研究テーマを扱うのかいろいろと悩んだが、最終的に選んだのは大学院に入る前に固執していた捕食行動ではなく、繁殖行動だった。この理由についてはこれから説明するが、修士課程でヒメイカを観察しているうちに繁殖行動に魅せられたとか、何か気になる発見があったとか、観察中に研究テーマの芽が生まれ出るようなことでは残念ながらまったくない。欠陥だらけの生活史研究にかかりきりだった私にヒメイカの行動を観察する余裕はなかった、なんて言い訳したいところだが、実際のところはいくらヒメイカを観察してもなんの疑問も私の頭に浮かぶことはなかっただけである。

繁殖行動の研究をやろうと思った最初のきっかけは同じゼミで繋がりがある桜井先生の研究室に

所属する先輩、岩田容子さんの存在だった。ヒメイカの生活史研究にいそしむ修士課程の私にとって、ヤリイカの繁殖生態の研究ですでに大きな成果をあげていた当時博士課程三年の岩田さんはあこがれであり、理想とする人物だった。あまり詳しく説明していなかったが、函館市の中でも、峠を越えた先の臨海実験所にある我々の研究室は少人数で隔離された存在だったが、スルメイカ研究の第一人者である桜井先生の研究室とは昔からつながりがあり、北洋研とよばれ大人数の学生が所属するここの研究室のゼミにも参加することができた。当然、北洋研にはイカの研究をする学生が何人もいたのだが、桜井先生の研究は水産資源に関するものが主であり、ゼミメンバーの研究テーマは水産学への貢献を最終目的としていた。そんな中、岩田さんだけは進化学的な視点でイカの生態研究を独自に行っていたのである。生物学的な理解や真理の探究を目指している岩田さんの研究アプローチは、行動生態学に惹かれて進学した自分の眼にとても魅力的に映った。

そんな岩田さんの研究テーマがヤリイカの代替繁殖戦術である。内容を簡単に説明すると、同じ種の雄でも体の大きさの違いに応じて異なる繁殖方法を行うというものだ。このイカの場合、雄間の喧嘩に有利に働くであろう体の大きい雄が雌とペアになる一方、小さい雄ははなから喧嘩で勝利することを諦め、ペア雄に隠れてこっそり雌と繁殖を試みるのだが、それぞれの戦術ごとに、精子の受け渡す方法から受精成功まで大きく違うことを、飼育実験とDNA解析を駆使して明らかにしていた。[1] 先の国際学会でも、その内容が多くの人に高く評価されており、海外の研究者から共同研究の話を持ち掛けられる様子は、劣等感のどん底でくすぶっていた私を強烈に刺激した。

加えて、修士二年時の二〇〇五年に宗原先生を含む日本人研究者によって開催された精子競争に関する国際シンポジウムに、手伝いとして参加したことも大きかった。精子競争というのは一九九〇年代からさかんに研究が行われるようになった性選択の新たなメカニズムの一つである。進化論のもととなった画期的な著作『種の起源』において自然選択による進化を提唱したチャールズ・ダーウィンは、雄のクジャクの羽飾りのように、明らかに生存に不利であるにもかかわらず進化した形質が自然選択に当てはまらないことに頭を悩ませ、ついに雌との交尾を獲得するために有利に働く特徴が進化しうるというアイデアにたどり着いた。これが性選択である。雌をめぐる雄間闘争に有利となる角や牙のような武器形質や、雌に好まれるためのきらびやかな体色や歌、ダンスといった求愛形質は、性選択によって進化したというわけである。そして、近年になって、性選択は交尾の獲得がゴールではなく、その後の受精までも視野に入れる必要があるという説が提唱されるようになった。[2] 例えば、雌が複数の雄と交尾した場合、複数の雄の精子が受精をめぐって雌の体内で競争する、と考えるのである。

精子競争という研究分野は、今から考えると二〇〇五年の段階でも行動学における流行の最先端を走っていたわけではなかったが、それでも当時は十分に活気があった。そんな勢いある研究分野の熱を国際学会への手伝いというかたちで浴びることになったわけだ。まだこの分野のことをよく知らなかったのでしょうがないと言えばしょうがないが、シンポジウムの参加者には、当時すでに名をあげていた有名研究者が数多く参加していたことにあとから気づいて大いにおどろいた。そんな気鋭の研究者たちによって繰り広げられる数々の魅力的な発表に心を奪われることとなったのは当然のなりゆきだったのかもしれない。

交尾の後に行われる雄選び

精子競争のシンポジウムの影響から、すっかり交尾後の性選択に関する研究のとりこになっていた私に追い打ちをかけ、研究テーマを決定づけたのが、『乱交の生物学』という一冊の本だった。[3] 一般向けの精子競争の入門書というべきこの本には、はた目からは一夫一妻に見えていた鳥をはじめとして、いかに多くの動物が、雌雄を問わず、複数の相手と交尾をしているのか、それはいかなる理由からなのかについて、交尾後の性選択における面白さから、未だ明らかになっていない謎まで、初学者の自分にもよく分かるように解説がされていた。特に魅力を感じたのは、精子競争のような雄側の視点ではなく、交尾を受け入れる雌側の視点をまとめた話である。

複数の相手と交尾する場合、雄は交尾相手の数に応じて自らの子供の数が確率的に増えていくが、雌にはこれが当てはまらない。雌の場合は、交尾相手を増やしても、交尾回数や交尾相手数に応じて自らの産む子供の数が増えるわけではない。雌にとっての自らの子供の数は、雄との交尾回数ではなく、産卵数によって決まるのである。つまり雄と違って、乱婚の配偶システムを持つことで得られる直接的なメリット（つまり自らの子供の数の増加）が雌側にはない。そればかりか、交尾自体は感染症や捕食者を引き付けるといった危険性を孕んでおり、むしろデメリットしかないのである。それにもかかわらず、なぜ雌は複数の相手と交尾するのか。様々な仮説が提唱されているが、個人的に最も面白さを感じたのは、遺伝的な利益を得るためではないかというものであった。たくさんの雄と交尾することで、雌は複数雄からの精子を確保し、このなかからより優秀な雄の遺伝子を獲得するという仮説である。そしてこの仮説でとても重要になってくるのが、雌が交尾の後で精子を選ぶという形で雄選びをするという考え方だ。雄同士が精子競争という形で交尾後の雄間競争を行うように、雌も自分の体内で受精に使用する精子を選ぶという形で配偶者選択を行うのである。普通の配偶者選択とは異なり、雌の体内で起こるため、はた目からその選ぶ過程を見ることができない。そこで、これを「密かな雌の配偶者選択」と呼ぶ。[4] 用語として短くまとまっている覚えやすい精子競争と違い、少々長いので、この分野では英語での専門用語であるCryptic Female Choiceの頭文字を取って、ＣＦＣと呼ぶことが多い。

すでにたくさんの論文が出版されていた雄同士の精子競争と比べて、雌が自らの体内で受精に使用する精子を選択するＣＦＣの方はと言うと、当時から（そして今でも）、あまり研究が盛んではなかった。その理由は明白で、雌が精子を選ぶ過程を見ることが非常に困難だからである。交尾をする動物は通常、雌の体内に精子を注入するが、雌がこれを能動的に選ぶという行動は、雌の体内に隠されているため外から観察することができない。当時の研究の多くは、雌の体内から精子が漏れ出たという事実をもとに、ＣＦＣの可能性を主張しているものばかりで、ＣＦＣの検証に成功したという論文は非常に少なかった。つまり、ＣＦＣは有名雑誌への論文掲載も夢ではない、チャンスの多いネタであることは、研究を始めて間もない私でもなんとなく感じ取っていた。

ヒメイカの恋の謎

もちろん、この研究の検証が難しく、多くの人が手を出していないことも分かってはいたが、それでもＣＦＣ研究に手を出そうと思ったのは、少なからず勝算があったからだ。その発端はヒメイカがある特徴的な行動を交接後に行っているという口コミからである。もちろん、ネタを提供してくれた情報屋は春日井さんだ。このとある行動の意味を理解してもらうためには、まず、イカの特殊な交接行動について理解してもらう必要がある。

多くの動物は雄が自らの交尾器を雌の交尾器に挿入して射精することにより精子の受け渡しを行うが、イカ類の場合、雄は精莢と呼ばれる精子の詰まったカプセルを作り、これを受け渡すために特殊化した吸盤を欠いた腕である交接腕でつかみ、雌に受け渡すことで精子の移送を行う（図３）。そういうわけで交尾の代わりに交接という言葉が使われる。雌に受け渡される際に精莢の中から精子の詰まった袋、精子塊がカプセルから射出されるという二段階方式で、精子は雌に届けられる。[5] 精子塊が受け渡される場所はたいてい口の周りが多い。これは、雌が精子を貯蔵する貯精嚢と呼ばれる袋を口の周りに持っているからだろう。そもそもこの場所に貯精嚢がある理由としては、産卵の際に雌が腕で卵を抱えて産み付けていくことと関係しているのかもしれない。ちょうど卵を扱う際に、口の周りの貯精嚢の入り口が卵に向きあうのだ。精子を振りかけて受精が行われやすい理想的

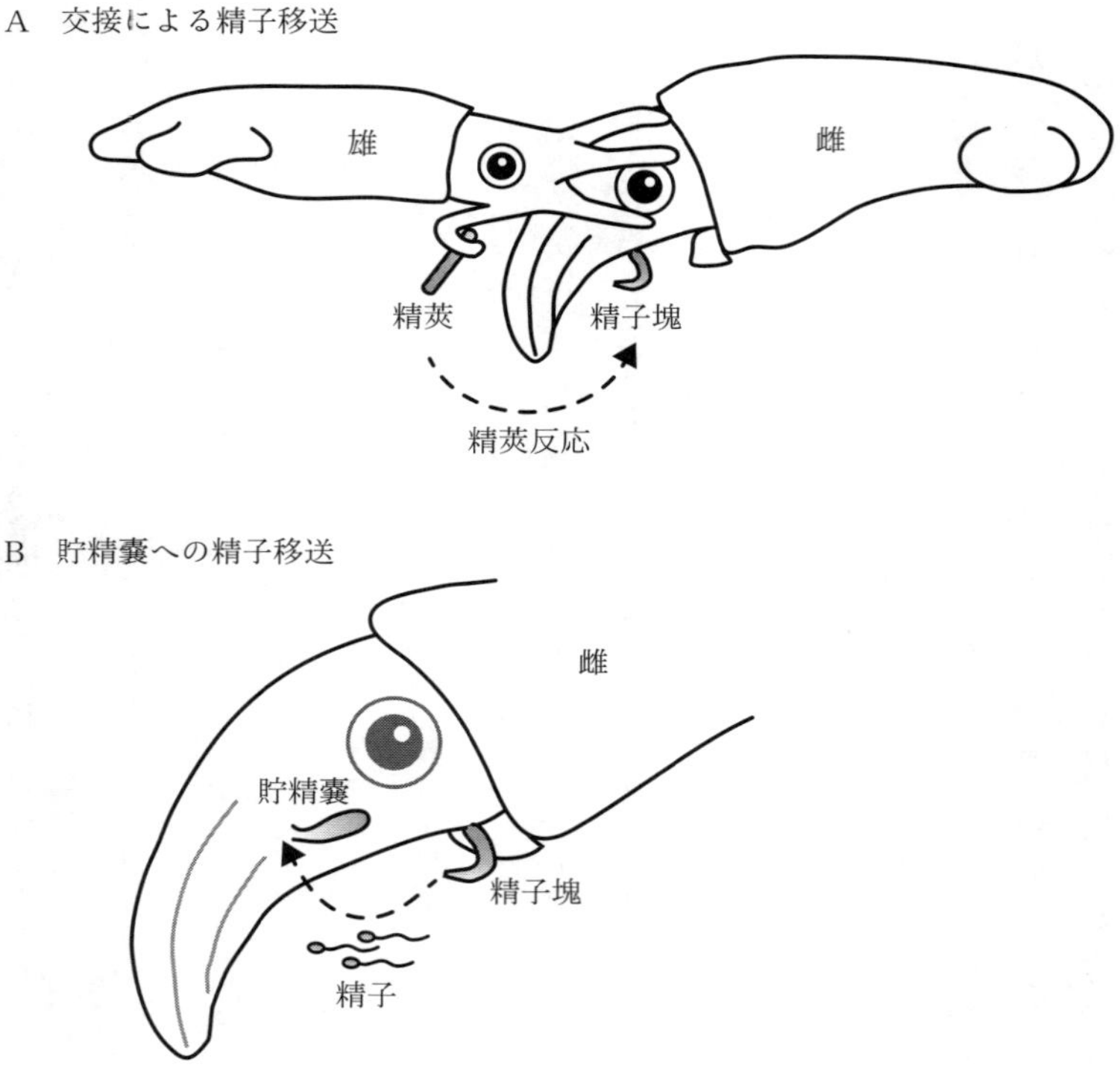

図3　イカ類の交接方法

A：雄は雌に組み付くと、交接腕を伸ばして精莢を掴み、雌に受け渡す。この際、精莢反応が起こり、精莢の中から精子塊が飛び出して、雌の体に付着する。
B：雌の体に付着した精子塊の先端には口が空いており、ここから精子が飛び出す。海水に触れて活性化した精子は海水中を泳ぎ、雌の口の近くにある精子の貯蔵器官、貯精嚢に到達し、産卵まで貯蔵される。

な位置関係なのである。ただ、精子塊から貯精嚢まで、精子がどのように運ばれるのかについてはよく分かっていなかった。

この受け渡された精子塊は、多くのイカにおいて、雌を傍目から見るだけでは発見することが難しい。精子塊自体のサイズが小さく、一〇本の腕に隠されてしまうからだ。しかし、ヒメイカの精子塊は小さな体に似合わず巨大であり、水槽で泳いでいる状態でも、精子塊の付着が確認できる。重要なのはここからである。なんと、ヒメイカの雌はその伸びる口を使って、雄から受け渡された精子塊をついばむことがしばしばあるというではないか。ちょうどそのころ、CFCに夢中になっていた私には、この行動が交尾後の配偶者選択のための手段に思えてならなかった。イカ類全般で精子の移送方法が解明されていないこともあり、ヒメイカで見られる精子塊のついばみ行動は、雌による精子塊の選択や移送に関わる行動に違いないと考えたわけである。

こうして博士課程で取り組む研究テーマは決定した。ヒメイカの謎の行動を解き明かしたいというより、ヒメイカを使えばデカいネタをぶち上げることができるかもしれないというひどく邪な思いによって生み出されたものであり、研究テーマの設定方法としてはあまり褒められたものではない。もちろん、今振り返ると、ついばみ行動に疑問を感じ、この秘密を明らかにしたいという純粋な動機も少なからずあった気もする。しかし、それ以上に思い当たることは、当時、私は研究で何か大きな成果をあげ、周りから評価されることに躍起になっていたということである。

あの時期、私は周囲のレベルの高さに比べて、自分の能力が明らかに劣っていることに引け目を感じていた。当時の北洋研のゼミには一〇人を優に超える大学院生に加え、ポスドクも二、三人在籍していた。ゼミでの研究発表の際には活発な議論が行われ、その後のお茶の時間にもゼミの場では議論し足りないことについて、岩田さんをはじめとした博士課程の先輩達と優秀な同期が喧々諤々意見を戦わせているのである。しかし、一方の私はというとゼミで質問をすることはおろか、発表の内容をしっかり把握することも満足にできていなかった。修士論文発表の場でも、自分がボロボロになっているのをよそに、同期の研究が周囲から高く評価される様子を見て、歯噛みするほど悔しい気持ちと情けなさでいっぱいだった。どうにかして、博士課程で肩を並べたい、いや立場を逆転させたいという思いが非常に強かったことはしっかり覚えている。そんな私に、検証が難しいとされているCFC研究は怪しい光を放って見えたのであった。

やって気づいた行動観察の難しさ

さて、取り組むべき研究テーマは決まったのだが、その前に解決しておかなければいけないことがあった。ヒメイカの入手方法についてである。修士課程の二年間で、自分の研究拠点である臼尻実験所の周りでは非常に短い期間、それも死滅回遊というイレギュラーな状態のヒメイカしか手に入らないという悲しい事実が判明してしまった。行動研究をしたくても、これでは十分なサンプルが手に入らない。そんな哀れな私に手を差し伸べてくれたのは、やはり春日井さんだった。なんと知多半島で繁殖期を迎えるヒメイカを採集して、北海道まで送ってくれるというのである。博士課程の間、自分で採集を行わないということに若干のうしろめたさは感じたが、実験材料が安定的に手に入る絶好の申し出を断るという選択肢は私にはなく、是非にとお願いをした。

というわけで懸念していたヒメイカの入手の当てもついた。いよいよ行動実験の開始である。とはいっても現段階ではヒメイカの繁殖行動について何の知識も持ちあわせていない。まずは、できるだけ自然本来の繁殖生態に触れたいと思い、体サイズの異なる雄雌それぞれ三個体、計六個体を幅六〇センチの水槽に入れて、行動の記録を行ってみることにした。複数個体を大きい水槽に入れることで、それぞれの個体が自由に行動でき、自然環境に近い状態を観察できるのではないかという素人なりに考えて組み立てた実験デザインである。これで、どのような体サイズの個体が積極的に繁殖行動をするのか、雄間闘争や雌への求愛といった繁殖戦略の一端が分かるのではないか、そんなことを期待していたように思う。

水槽の下には砂を敷いて、ヒメイカが分泌する粘着物質で休むことができるように、アマモを模したプラスチックの細長い板を砂に差し込んだ。これでそれなりに自然本来の海底の環境をできるだけ再現したつもりである。準備は万端に思えた。ところがいざ観察を始めてみると、すぐに行動観察をする上での問題が明らかになった。肝心のヒメイカがプラスチックの基質にくっついたまま、ほとんど動かないのである。何回か観察を続けても、この傾向は変わらなかった。一時間何も起こらないなんてこともざらにあった。観察してもとにかく退屈でまったくもって面白くない。なんだか自分の想像していた行動研究とは違う。あまりにも動きがないので、肉眼での観察記録に早々に

2 章　密かに燃えるヒメイカの恋

81

飽きてしまった。というかこのままでは実験にならない。そこで次はビデオカメラを設置して二四時間の行動観察を行ってみることにした。さすがにこれだけ長く観察時間を取ればいろいろ分かるはずである。

ところが、録画した映像を確認してがくぜんとした。ディスプレイに表示されたヒメイカの姿が小さすぎて何をしているのか全く分からない。幅六〇センチメートルの水槽はヒメイカを観察するのに大きすぎたのだ。ヒメイカ独自の特徴である、基質に付着して休むという習性も悪いように作用した。濾過フィルターのパイプやヒーターのコードなど、水槽内の様々なものに付着するので、場所によってはイカの姿がまったく映らないのである。動物の動きを制御できない野外での行動観察ならいざ知らず、水槽での室内実験など、雌雄を同じ水槽に入れてビデオを回しておけば交接行動の一つや二つすぐに記録できるだろうとたかをくくっていたのだが、当然ながらそう簡単なものではなかったのだ。

残念ながらビデオでの細かい行動データ収集には失敗したが、この粗い予備観察でも数回の交接行動を記録することができ、わずかにでも分かったことがある。それは、彼らが雌とペアになるために、雄同士喧嘩したり、雌に対して求愛行動をするといった、多くの動物の繁殖においてみられるやりとりがほとんど存在しないということである。雄が水槽内をパトロールに出かけ、遭遇した雄同士で牽制するといったこともないし、雌に対して特別な行動を示すこともない。イカ類の繁殖においては、コウイカ類やヤリイカ類等の沿岸性頭足類の行動研究が数多くあり[6]、そこでは体色を

産卵途中の雌（左側）に交接をする雄（右側）。雌に組み付き、白い針のような精莢を掴んで今まさに雌に受け渡そうとしている。撮影：佐藤長明。

変化させ、腕をめいっぱい広げるなどの顕著な求愛行動や雄間の闘争が観察されていたが、ヒメイカがそのようにダイナミックな行動を見せることはなく、プラスチックの基質に付着して休むばかりで、本当に見ごたえがなかった。求愛がないので、雌との交接においても同意をとるようなことはなく、隙を見て急速に雌に組み付き、数秒で交接を終わらせるというなんとも強引かつ、あっさりした方法で交接が行われていたのである。

戦略という言葉とは程遠い、力づくと見える彼らの繁殖行動にがくぜんとしたが、雄間で争わないのであれば、大きい水槽を使い、複数個体のやりとりを気にする必要はない。そこで、幅三〇センチメートル程度の小型の水槽を使い、水槽内のろ過装置やヒーターを取り外した止水の条件のもと、雌雄それぞれ一個体を用いて、シンプルに交接を行わせる方法に変更した。自然に近い状態で本来の繁殖生態を理解するというコンセプトは悪くないように思えたのだが、やはり実際に取り組んでみないと分からないことは多い。今のままではそれを達成するのは無理と判断し、まずは、本来の目標である精子塊のついばみ行動によるＣＦＣを検証することに狙いを絞った観察から実験をスタートすることにした。

2 ついばみ行動の謎を追え！

口の周りの精子貯蔵器官

ヒメイカの精子塊ついばみ行動がなんのために行われるのかという疑問に対して、改めて私がどのような仮説を立てたのかというと、雌は交接した相手が好みの雄だった場合、渡された精子塊を貯精嚢内に運ぶ、それがついばみ行動で、それによって選択的に精子貯蔵を行っているのではないか、そう考えたのだった。この仮説を検証するために、どのような実験を組めばよいのだろうか。パッと思いついた方法はとてもシンプルで、雌雄を水槽内で交接させた後、ついばみ行動を行った雌と行わなかった雌、それぞれの貯精嚢を観察して、精子が中に溜まっているかどうかを確認するというものである。ついばみ行動が精子の移送行動として機能しているのならば、ついばみ行動を行った雌の貯精嚢にのみ、大量の精子が発見されるはずだ。貯精嚢内の精子を観察するという手段は一見難しそうだが、行動観察後にエタノールで麻酔をかけて、ホルマリンで固定し、貯精嚢の組織切片を作り、これを観察するという、昆虫などでよく使われる方法で比較的簡単に調べることができそうだ。

しかし、この実験を行うためには、貯精嚢に精子を貯蔵していない雌、つまり一度も交接を行ったことのない処女雌を実験に使う必要がある。すでに交接を経験し、貯精嚢内に精子が貯蔵している雌を使えば、それがついばみ行動によって運ばれた精子かどうかが分からないのである。参考にした昆虫の研究では、孵化稚仔の状態から雌雄を分け、性別ごとに個別に飼育し成熟させることで、完全に交尾経験のない処女雌を用意する。[7] しかし、ヒメイカではこれができない。水槽でも簡単に産卵するため孵化稚仔までは簡単に入手できるのだが、これを繁殖可能な成体にまで育て上げるのは至難の業で、昆虫と同じような方法で処女雌を確保できるとは到底思えなかった。ところが運がいいことに、ヒメイカ特有の形態的特徴をいかした、うまい抜け道を見つけることができた。ヒメイカの貯精嚢は表皮の近くに存在するため、雌に麻酔をかけた状態で、実体顕微鏡でここを観察すれば、透明な体を通して貯精嚢内に精子があるかどうかを確認することができるかもしれない。

と、ここまで、まるですべて自分が発見したような口ぶりで書いたが、これは春日井さんが発表した論文に載っていた図を見て思いついたに過ぎない。そもそも貯精嚢の構造について、論文に記

ヒメイカの貯精嚢

上は生体写真（撮影：春日井隆）、
下は組織切片。

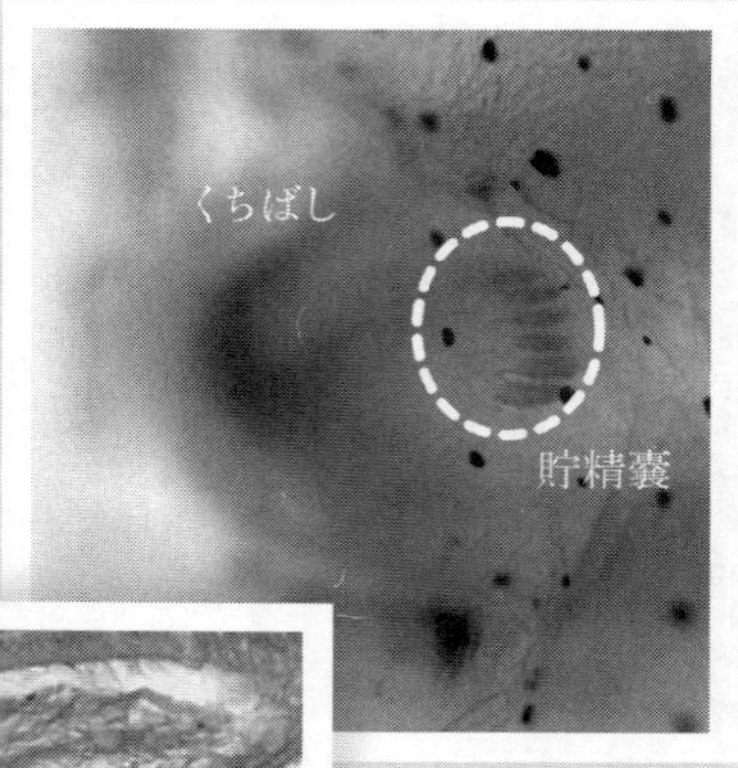

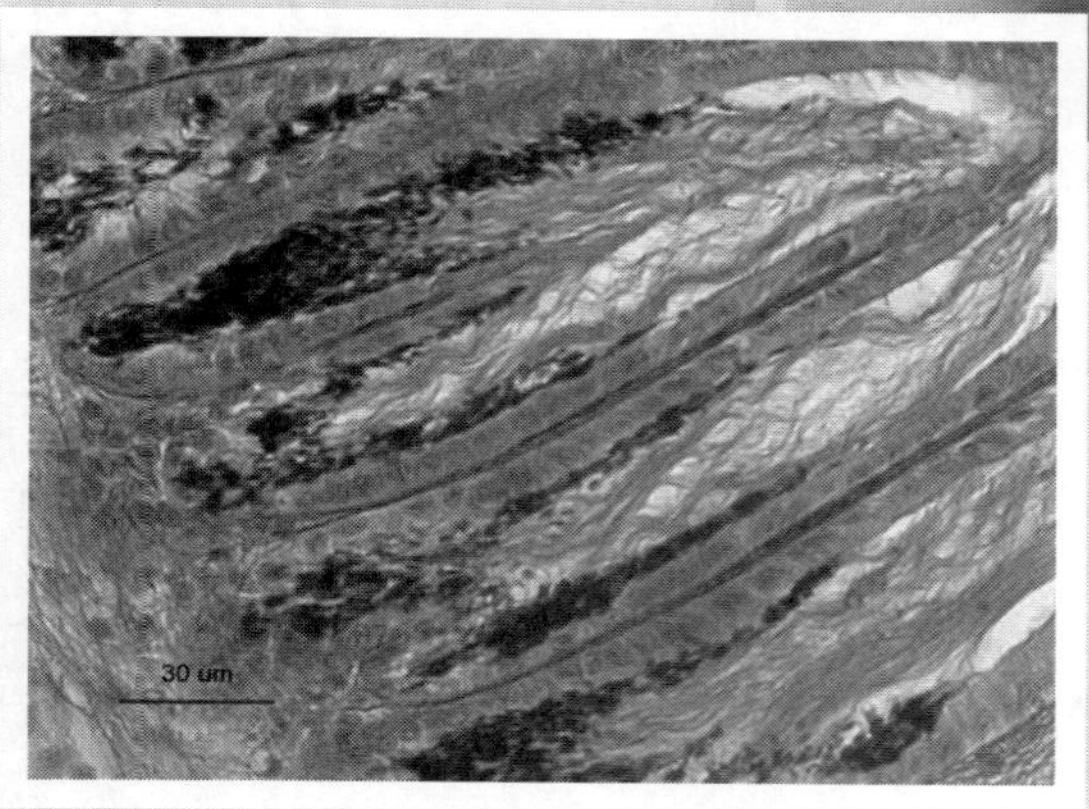

載されている図を見て知ったような口をきいているが、実はこの目で実際の貯精嚢を見たわけではなかった。そこで、今回の研究テーマの核となる重要な器官、貯精嚢の構造についてしっかり理解することからとりかかることにした。まずは、生身の個体を使った貯精嚢の観察へのチャレンジである。処女雌かどうかを判定するには、麻酔をかけた個体の貯精嚢を実体顕微鏡で手早く観察し、精子の有無を確認する必要があるため、この方法で貯精嚢内の精子を確認できなければ話にならない。

麻酔をかけて、呼吸が徐々に遅くなり、完全に不動化した雌を実体顕微鏡のステージに載せ、シャーレの上で柄付針とピンセットを駆使して、腹側が上から見えるように体の向きを調整する。次に、弛緩した口の部分をレンズの画角の中心にくるようにシャーレを動かし、対物レンズの倍率を上げて、できるだけ大きく見えるように拡大する。すると、口球の内側、ちょうど下唇の裏側あたりに精子が充満した貯精嚢を確認することができた。中に溜まった白い精子の存在のおかげで貯精嚢の輪郭が浮かびあがる。どうやら入り口が一つあり、その先で六から八つに枝分かれするような構造になっているようだ。フォークの先、もしくはバナナの房のような構造といったら少しは伝わるだろうか。

これを踏まえて、次は組織切片での観察である。組織切片とは、組織を輪切りにして作る断面図のことで、最初に形がある程度分かっていないと全体像の把握は難しいのだが、このときは実体顕微鏡を使った事前の観察のおかげで、うまく組織切片で見た結果を頭の中で立体化させることができた。入口からすぐに枝分かれした袋状の構造であることは組織観察によってよりはっきりと裏付けされたのだ。[8] 組織観察の一番の利点は、構造を把握できるということより、この器官がどのような細胞で成り立っているかを理解できることにあるのだが、このときは精子の確認ばかりに気を取られて、その重要性を把握していなかった。よくよく見ると、粘液細胞が袋の奥にずらりと並んでいること、貯蔵された精子の頭部がいずれも壁側に向かっていることなど、ヒメイカの精子移送から貯蔵までの過程を考えるうえでキーになる発見をしていたのだが、その重要性に気づくことはなく、長い鞭毛の精子が確認できたことをただただ喜んでいた。

精子は貯蔵されているか？

貯精嚢の構造や内部に貯蔵された精子を観察する方法が分かったところで、次に行うべきは処女雌の検証方法を確立することである。麻酔をかけた雌を実体顕微鏡で観察し、貯精嚢内に精子がないと判断した後、その個体をホルマリン固定し、精子の有無を確実に判断できる組織切片を作成することで、この予測があっているかを検証する。ものは試しと勢いそのままに実験してみたところ、目論見通り、精子がないと予想した雌のほとんどが、組織観察でも貯精嚢内に精子を保有していなかった。どうやらこの方法は非常に高確率で処女雌を判別できるとみてよさそうだ。これで準備は整った。

いよいよついばみ行動によって精子が貯精嚢に移送されるか、その検証の時である。まずは処女雌と雄が交接をしてくれなくては意味がない。雄と処女雌、それぞれ一個体を水槽に導入し、じっと交接が起こるのを待つ。しかし、これがなかなか難しい。手っ取り早く交接してくれればいいのだが、雄も雌もお互いに近づくことなく一時間が経過することもざらである。

だが、うまく交接しても、次の関門が待ち構えている。ついばみ行動をする雌としない雌がそれぞれ同じくらい出現してくれないと比較のしようがないのである。こればかりは五〇パーセントくらいの確率でついばみをしてくれるように祈るしかない。

こうして試行錯誤しながらも、なんとかそれぞれの条件にみあった五個体ほどの雌を用意することができた。ようやく貯精嚢の組織観察によって仮説が検証される瞬間がやってきたのだ。予想どおりならついばみを行った個体の貯精嚢はいずれも精子でパンパンに満ち溢れているはずである。期待に胸を膨らませ、顕微鏡のレンズを覗いてみると、見えたのはほとんど精子が確認できない、空の貯精嚢であった。別の個体で確認してみても結果は変わらず、どの個体も貯精嚢に精子が貯蔵されている様子がない。かといって、ついばみを行わない個体とも違いがなく、いずれの個体においてもほとんど精子が貯蔵されていなかった。

期待外れの結果に大いに落胆したものの、まだこの仮説をハズレと断定し、諦めることはできなかった。なぜなら、ついばみを行ってから貯精嚢内に精子が運ばれるまで若干のタイムラグがあるのかもしれないと考えたからである。もしかしたら、口先には精子塊が詰まっていて、貯精嚢内に今まさに運ばれようとしている、その直前だったのかもしれない。そこで、さらに実験を追加して行い、新たに交接後についばみ行動を行った雌を用意した。タイムラグのことを考慮し、今度はついばみ行動を確認してから一〇分置いて、その後で雌を固定してみた。すると、今度は貯精嚢内に精子の存在を確認できた個体もでてきたが、その量は非常に少なく、どうひいき目に見てもついばみ行動によって精子が運ばれたと考えることはできなかった。

精莢の構造と精莢反応

ここまであからさまな結果が出れば、普通だったら最初に立てた仮説を疑う方向に考えがいくだろう。しかし、どうしてもそのように頭を切り替えることができなかった。かたくなに自説にこだわることになった原因としては、ついばみ行動自体をしっかり観察できていないことが大きかったのかもしれない。ヒメイカはただでさえ小さいのに、その体の一部がすばやく動く様子を肉眼で確認するなんてことはほぼほぼ不可能であった。頼りにすべきはビデオで撮影した映像データになるのだが、行動観察一年目の私が有する知識や技術はあまりにも未熟で、この様子を詳細に捉えるためにはどのような機材を用意し、どのように撮影すべきか何も分からなかった。そのため、実際についばみ行動によって精子塊がどのように体内を移動していくのかを把握することはかなわず、その過程がどのようなものか見当もつかなかった。

そうはいっても、いつまでも上手くいかない実験に固執するわけにもいかない。そこで、行動観察の不調を補うべく、ついばみを行う前の段階、精莢の受け渡しから精子塊が付着するまでの精子移送の過程を見つめなおすことにした。これまでは本で学んだ一般的なイカ類の精子移送の方法を鵜呑みにしてなんとなく知った気にはなっていたが、目の前のヒメイカを使って実際にその様子を確認したことはなく、肝心の精子の移送の過程はほとんど想像に頼っていた。雄が雌に受け渡す精莢自体のことはもちろん、受け渡しの際に精莢で何が起こって中から精子塊が飛び出るのか、精子

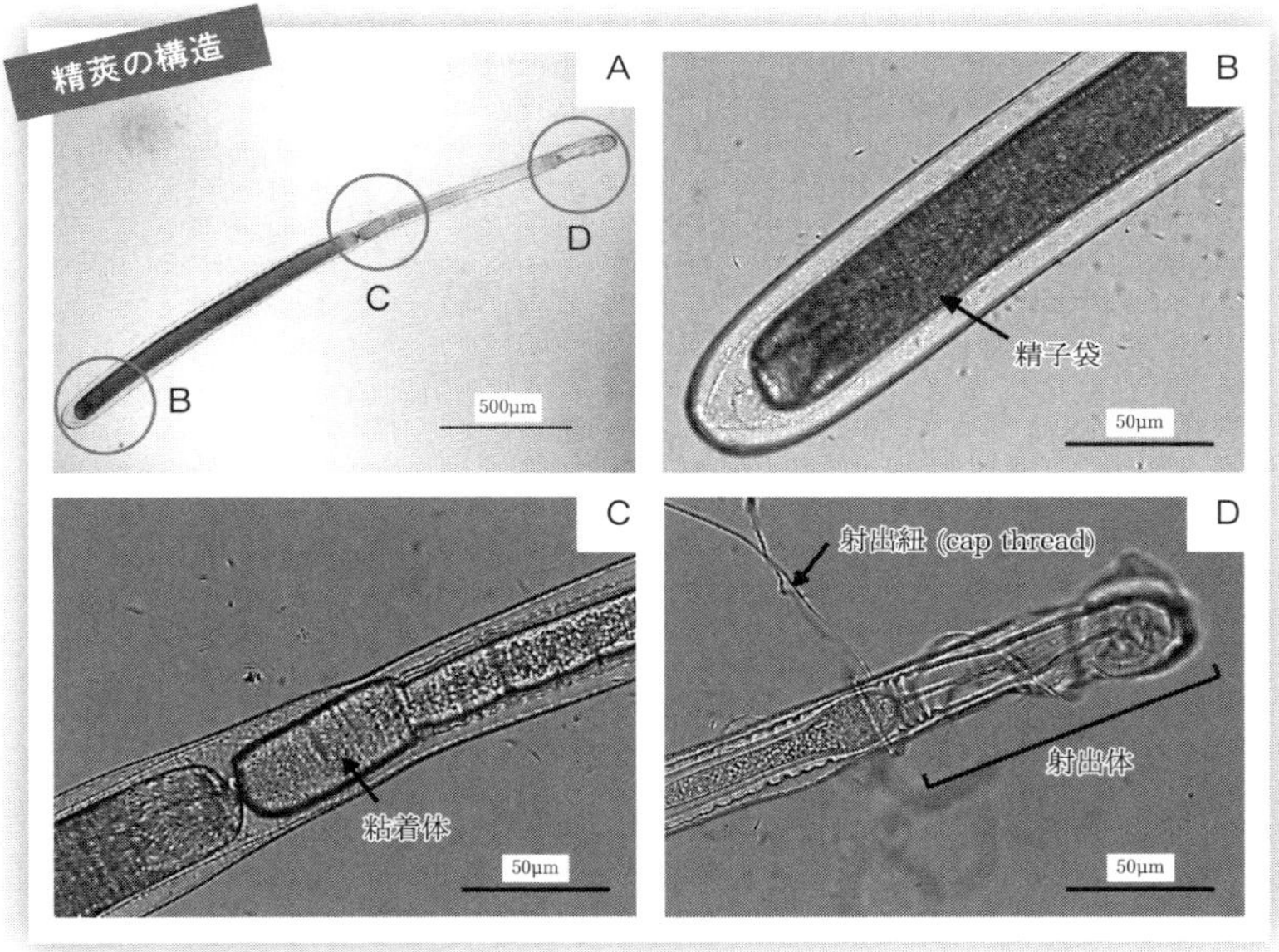

A:全体図、B:精子袋部分、C:中央部分、D:射出体部分。

塊とはどういうものなのか、実は精子の移送の基本を何も知らなかったのである。そこで、精子移送の最初の段階に関わる精莢や精子塊の構造から、精子塊の飛び出す過程について調べてみることにした。

まずは精莢を観察してみよう。雄に強い麻酔をかけて安楽死させた後、外套膜を切開して生殖腺を取り出す。頭足類の生殖腺は少々複雑で、精子を作る精巣以外にも、精子を精莢にパッケージするための精莢腺や、完成した精莢を貯蔵する精莢嚢などいくつかの器官に分かれている。取り出した生殖腺から精莢嚢だけをより分け、柄付針で裂くと、中には数十本の精莢が詰められていた。そこから一〇本ほどの精莢をピンセットで摘まんで、プレパラートに並べ、乾燥しないように海水で潤すと、観察の準備完了である。実体顕微鏡を覗くと、長さ一センチメートルほどの棒状の透明なカプセルに、その半分ほどのスペースを埋めるように真っ白な精子が収められている様子をすぐに確認することができた。さらにじっくり観察すると、これが単純な精子カプセルではないことに気づく。精子は小袋にまとめられ、そのすぐ横には透明なゼリー状の物体が並び、さらにその隣には折りたたまれた袋状の構造も見える。その先にある精莢の端、ちょうど精子袋が収められている場所とは逆サイドに目をやると、長い紐が伸びている。過去の文献で記載されている情報と見比べながら、今見ているものの構造が何か答えあわせをしていくと、精子袋の隣にあったゼリーは後に精子塊が飛び出したときに雌の体にこれをくっつけるための粘着物質で、その次に並ぶ折りたたまれた袋は精莢から射出された精子袋を精子塊に成形するための袋、そして、精莢の端にある紐は精莢から精子塊を射出するための反応、精莢反応を引き起こすきっかけになるものであることが分かった。

ある程度、精莢の構造が理解できたところで、次は精莢反応というものが何なのかを観察していくことにした。ものの本によると、末端の紐は、まさにパーティーで使われるクラッカーのそれと同じ役割を果たすもので、引っ張られることで、中の精子塊が飛び出るとされている。そこで、精莢反応を起こそうとピンセットでこの紐をなんとか掴み、引っ張ってみたのだが、これがなかなかうまくいかない。引っ張っても紐が切れるだけで何もおこらないのである。いろいろ試行錯誤した結果、とにかくここを刺激できればいいという結論に至り、最終的には乾燥したティッシュペーパ

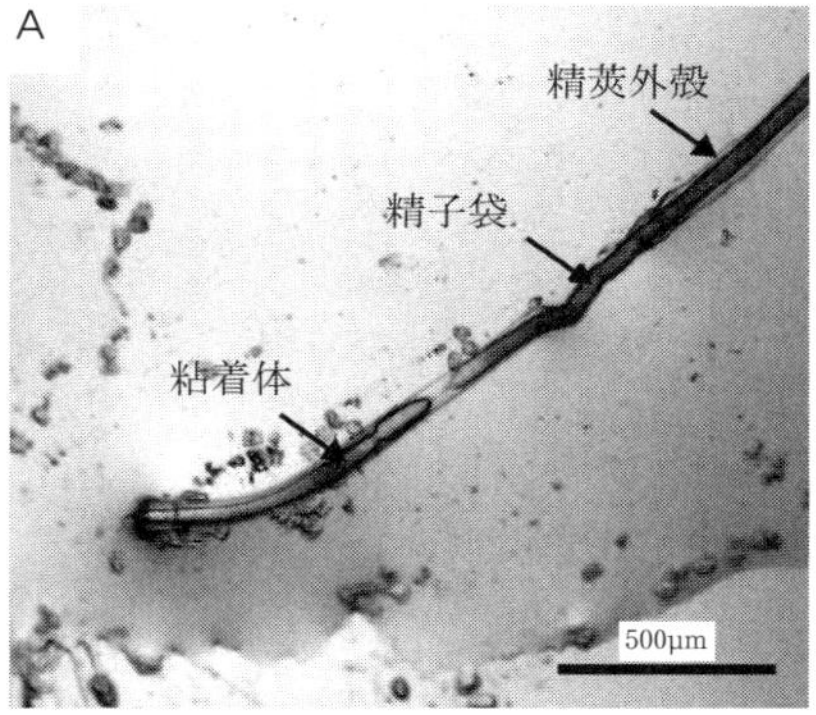

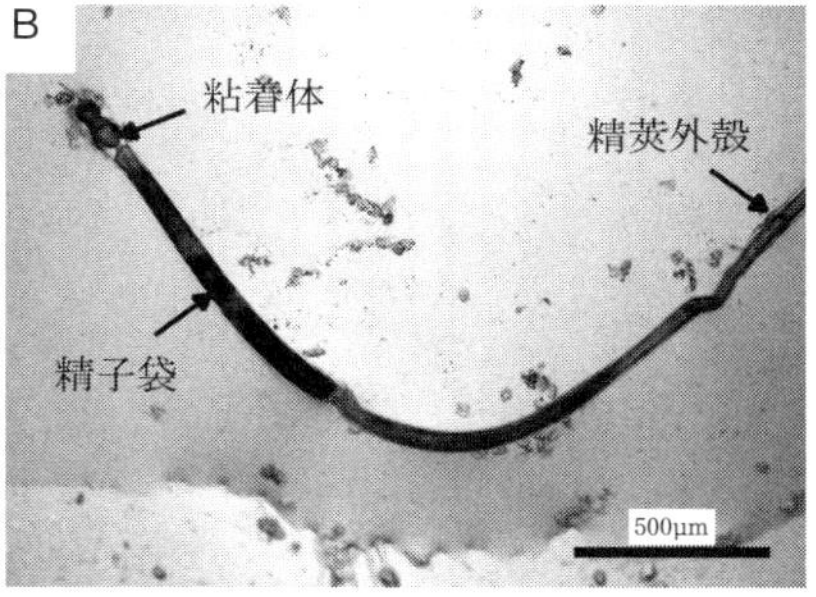

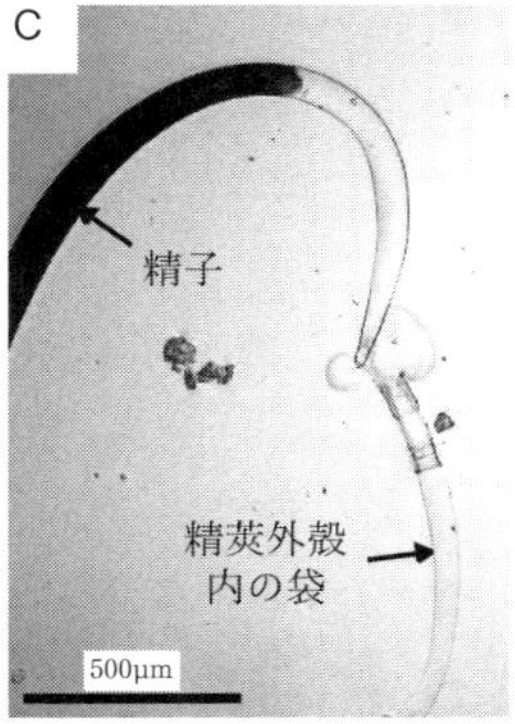

精莢反応の様子

こよりで精莢の先端を刺激すると精莢反応が起こる(A→B→C)。
A:中の袋が飛び出すとともに、精莢内から粘着体が引っ張り出される(00:04)。B:粘着体を先頭に精子塊の袋が形成され、内部に精子が貯蔵されていく(00:16)。00:19からは、倍率をもとの2倍に上げての撮影。完成した精子塊の先端からはつぎつぎに精子が放出されていく。〈動画URL〉https://youtu.be/nuXWD09CLIY　C:動画とは別の画像。精莢反応の最後に飛び出た精子塊の様子。

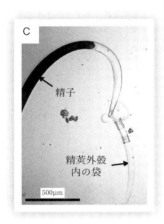

ーを使って先端を刺激するという手法を編み出すことで解決した。

うまくこの紐を刺激すると、先端が裂けて中から折りたたまれた袋がまずは飛び出してきた。しかし、どうも動きが悪い。乾燥したティッシュが周囲の海水を吸い取り、精莢が乾燥することで本来の動きが制限されたのかもしれない。そこで、スポイトを使って、海水を垂らしてみると、飛び出した袋の動きは良くなり、どんどんと袋が伸びていった。なんというか、裏返しにされて押し込まれていた袋のつかえがとれて、めくれ上がりながら外に出てくるような様子である。

十分に袋が伸び切ると、次は飛び出した袋に引っ張られるように粘着物質がカプセルから引き出されていった。この物質が飛び出した袋の先端に到達すると、そこで袋の飛び出しは止まり、次はそこを起点とするように新たな袋が形作られていく。説明するのは難しいが、このカプセルにはいくつもの袋が何重にも折り重なり、ぎゅうぎゅうに押し込められているのだ。最後に形成された袋に精子袋内の精子がつぎつぎと押し込まれ、精莢から完全に分離されれば、精子塊の完成である。

精莢から飛び出した精子塊は、まっすぐな棍棒状の精莢とは形が違い、途中で湾曲していて、まるで釣り針のような形状となった。雌の体に付着する精子塊の一端には粘着物質があるが、その逆の先端は細くすぼまって、口が開いていた。精子塊が完成すると、中に押し込められた精子は、口が空いた先端の方に徐々に移動していき、やがてそこから外に向けて放出されていった。すると、これまでまったく動くことのなかった精子が、活発に遊泳しだした。どうやら海水に触れることで活性化するようだ。

精子塊の構造

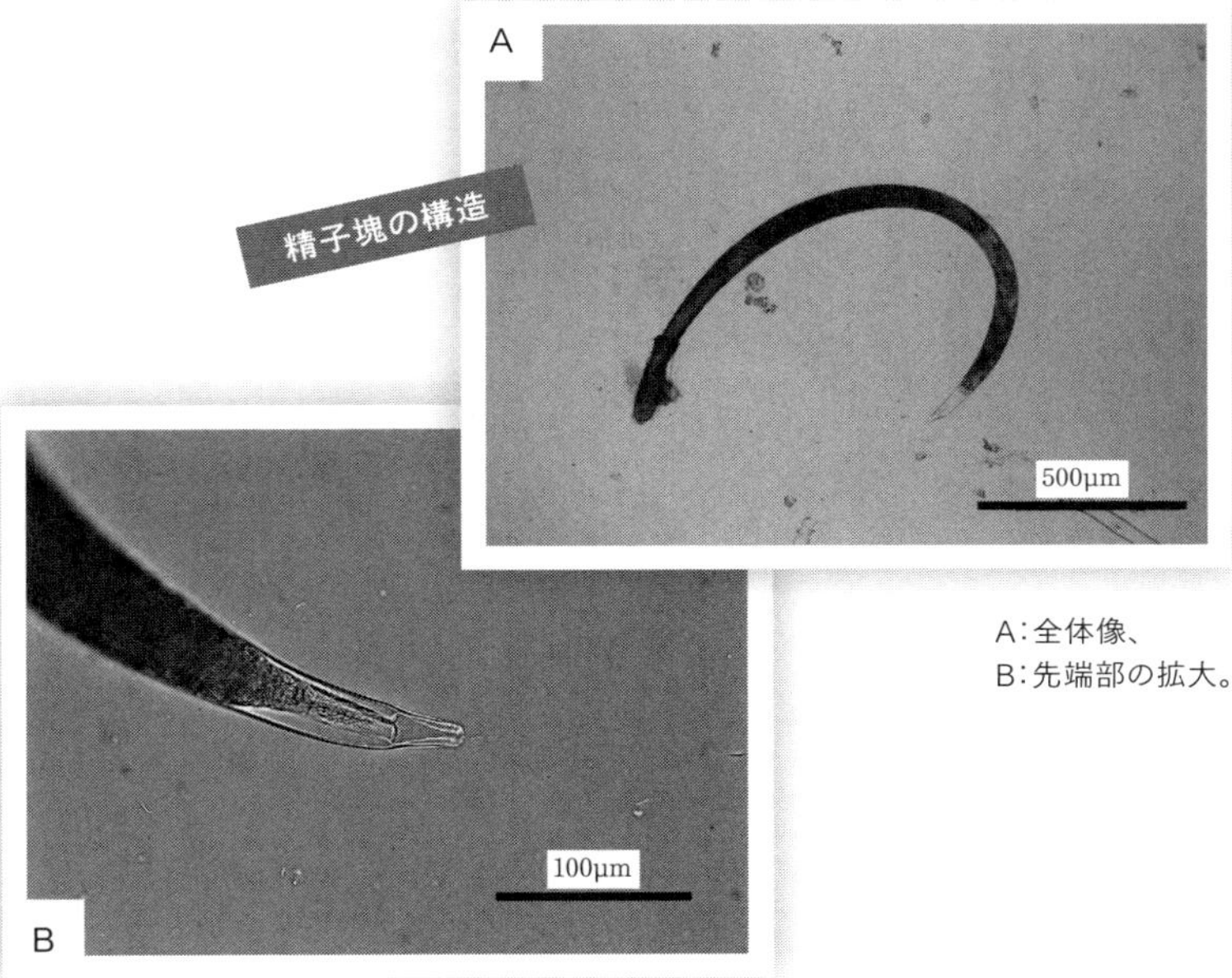

A：全体像、
B：先端部の拡大。

　これらの射精に関する一連の流れをじっくりと観察したことで、ようやく私も交接中におこっている精子移送の詳細な過程が徐々に理解できるようになってきた。まず驚いたことは、これまで繰り返してきた交接行動の観察では、小さな白い棒としか認識していなかった精莢が、実は非常に精巧な作りでパッケージングされており、複雑な過程を経て、精子塊が雌に移送させられていたということである。しかし、それ以上に重要な発見は、精子塊が受け渡されて交接が終わりというわけではなく、その後、精子塊から徐々に精子が漏出していくという流れが存在していたということだ。[9] この現象は精子が貯精嚢に貯蔵されるまでの過程に大いに関係しそうである。

ありのまま観察すること

これまでのついばみ行動による精子移送の検証実験の結果に加え、精莢から飛び出した精子塊から精子が放出されているという観察結果を照らし合わせると、浮き上がってくるのは精子塊から貯精嚢への精子移送には、注目していたついばみ行動は関係なく、それよりもむしろ精子による自律遊泳により、徐々に精子が貯精嚢に移送されるという可能性である。紆余曲折あったが、これでようやく真実にたどり着けそうだ。そのように話は転がっていくと普通なら思われるだろうが、残念ながら私という人間はそこまで利口ではなかった。ここまできても、当時の私はかたくなについばみ行動によって貯精嚢に精子が移送されるものという仮説に固執した。

とにかく、ついばみ行動後に精子が大量に貯精嚢に存在する証拠が得られれば、何か変わるはずだ。そう信じて実験を繰り返しては、思い通りの結果を得ることができず、ただただ時間だけが過ぎていった。博士課程も二年目が終わるという時期にさしかかっていたが、ついばみ行動の謎に関して何の進展もなかった。

やってもやっても成果がないこの状況にとにかく焦っていた私は、今にして思うに、自分が望んだ結果を得ることだけにとりつかれていたのだと思う。その妄信がゆえに、とり返しのつかないミスを犯してしまった。闇雲に行動実験を行ったはいいが、初年度からついばみ行動を行わなかった実験に価値はないと判断し、一つもデータを取らずに、記録した映像をすべて削除していたのである。さらに愚かなことに実験ノートもろくに記録していなかった。陶芸家が窯から出した失敗作を割って捨てるかのごとく、貴重なデータを失敗扱いして捨ててしまっては、なにが失敗なのか反省することすら叶わない。この所業のせいで、二年目の実験にもかかわらず、どういう条件で交接が起こりやすいのかとか、ついばみが見られたペアはどんな個体だったか、といった情報の蓄積がないまま、再び手探り状態で実験をスタートする羽目になってしまっていた。失敗を恐れないでチャレンジすることが自分の長所だととらえていたが、あまりにも恐れなさすぎた。

こんな荒れた研究態度では、ようやく見え始めた光にも気づけるはずもない。もっとも、貯精嚢の直上に精子塊を受け渡す他のイカ類の交接様式と違って、ヒメイカでは精子塊が貯精嚢から少々離れた位置に受け渡されているという事実がこの仮説へのこだわりに大きく作用していたこともあると思う。つまり、この距離を精子が自らの力で移動するはずがないという強い思い込みである。しかし、そんな思い込みがあったことを差し引いても、やはり研究の遅延を引き起こした一番の原因は反省なき不誠実な実験への取り組み方だったように思われてならない。

目が覚めるきっかけとなったのは、宗原先生のアドバイスだった。普段は私の研究状況について、ほとんど話をしたことがなかったが、珍しく実験の進捗について先生が聞いてきたのだ。実験途中にゼミ室で休憩していたときだったように思う。現在の実験の状況を説明し、ついばみ行動の検証実験についてあまりうまくいっていないことを素直に伝えると、先生から返ってきた言葉は、「もっと行動をしっかり見なきゃだめだよ」というものだった。人によってはごくごく単純な奮起を促すだけのなんてことない言葉がけに思えるかもしれない。仮に私が一年前に同じことを言われたとしても、「頑張ります!」くらいの言葉を返すだけで特別な感情を抱くこともなかっただろう。だが、笑顔で諭すように言われたこの言葉を聞いて、この時の私は背筋が冷えるような感覚を抱いていた。

これまで何も小言を言うことなく、自由に研究をさせてくれた先生にすべて見透かされたような気がした。そう感じたのは、思い描いた結果を得ることだけに固執し、ヒメイカの行動自体をまったく観察していないという自覚があったからだろう。ショックを受けていることを隠すように、そのときは、「見てますよ!」なんて強がりを言ってごまかしたが、この宗原先生の言葉はこれまでの私の研究姿勢を改める大きなきっかけになった。振り返ると、今まで自分の考えたストーリーにどうやってヒメイカの行動を当てはめるかということばかり考え、ヒメイカが見せる様々な行動をただじっくりと観察するという動物行動学の基本が何もできていなかった。この時のことがよほどこたえたのだろう、この日を境に行動観察の手法や実験における考え方が、仮説を検証することに強く依存したものから、徐々に本来の行動を理解することを意識したものに変わっていったように思う。

まずは、ヒメイカの行動自体をしっかり観察しよう。そんな意識改革が功を奏したのかは分からないが、博士課程二年目の最後で、決定的な行動を目撃することとなった。いつものように雌が交接したことを確認し、雄を取り除いて、そこから雌がついばみ行動によって何をしているのかを少しでも把握しようと、雌の様子を直接観察していた時のことである。これまでと同様、雌は腕に付

精子塊を排除する雌

交接が終わって5分も経たないうちに、体に付着する精子塊を排除しようと雌は口を伸ばす。この動画では00:23の時に精子塊の排除に成功。漏斗から水を勢いよく噴射させ、その勢いで取り外した精子塊を吹き飛ばした（00:26）。00:29からは、スロー映像。

〈動画URL〉https://youtu.be/y81MYMM1i4g

着した精子塊に口を伸ばしてついばむと、これを器用に体から取り外した。腕全体を腹側に屈曲させ、漏斗から水を軽く数回噴射した後、体勢を整え終えたのか、再びもとの姿勢に戻った。すると次の瞬間、漏斗からの水を力強く噴出し、口にくわえていた精子塊を吹き飛ばしたのである。文字通り精子塊を捨てたのだ。この行動を発見して、ようやくこのついばみ行動の意味することが、自分の予想していたものとはまったく違っていたということに気がついたのだった。

ついばみ行動は精子を選択的に貯蔵場所に運ぶための行動でもなんでもなく、むしろ排除するための行動で、精子の移送には全く貢献していなかった。気づいてしまえばこれまでの結果も点と点が繋がり線となるようにすべてが腑に落ちる。精莢反応後に精子を放出する精子塊。海水に触れると活性化して泳ぎだす精子。粘液細胞が並ぶ壁側を向いて貯蔵されていた貯精嚢内の精子の様子は、自らの遊泳によってそこまで到達したことを示していた。雌によってそのまま運ばれているのであれば、貯精嚢内の精子の向きもランダムになっているのではないか。思い当たる節はいくつもあった。ついばみ行動の後に貯精嚢内に精子が全く貯蔵されていなかったことも当然の結果というわけだ。

しかし、そうは言っても何故これまでこの行動に気がつかなかったのだろうか。確かに、盲目的に実験を行い、行動をじっくり見ていなかったとはいえ、何度も実験していれば、さすがに一回くらいは精子塊を吹き飛ばす様子に気づきそうなものである。そう思って、改めてついばみ行動の映像を見返してみると、いままで見過ごしていた重要な事実に気づき、がくぜんとした。なんと、ほとんどのヒメイカは精子塊をついばんだあと、それを器用に飲み込んでいたのである。よくよく目を凝らして見ると、口や食道を白い塊が通過していく様子が、半透明の体を通して観察できるではないか。これではロクに行動を見てこなかった私が気づくはずもない。

体についた精子塊がなくなっていることから、おそらく飲み込んだのは精子塊に違いないのだが、残念ながらはっきりと確認できたわけではない。そこで、この口を通過した白い塊が精子塊の成れの果てかどうかを確認するために、ついばみ行動によってこの白い塊が食道を通過したのを確認した後、雌を固定し、組織観察を行った。もちろん、観察するターゲットは今まで注目してきた貯精嚢ではなく、胃である。すると、ここでは予想通り、胃の中に多量の精子の塊が発見された。長い時間がかかってしまったが、こうして、ようやく精子塊のついばみ行動がなんたるかという謎について、自分なりの答えを出すことができた。

3 雄選びは交接のあとで

精子塊の貯蔵能力はいかほどか

ついばみ行動の機能が分かったことで、ヒメイカの精子がどのようにして貯精嚢にたどり着き、そこに貯蔵されるのか、精子移送の一連の過程がなんとなく見えてきた。おそらく精子の移送は、雌の体に付着した精子塊から漏れ出る精子が、海水中で活性化し、自らの力で貯精嚢に到達するのではないか。ついばみ行動はこの貯精嚢への貯蔵を妨げる行為というわけだ。となると、次は精子塊自体の精子貯蔵能力が気になってきた。先端から精子を放出しているということは、時間と共に内部の精子は減っていき、いずれはすっからかんになってしまうだろう。しかし、空になった精子塊をついばんでも、精子の移送を防ぐ効果はない。そのため、どのくらいの時間をかけて精子塊から精子が出ていくのか、ひいては精子塊の精子貯蔵可能時間の情報を得ることが必要不可欠である。

さっそく、精子塊からの精子放出の様子を確認するために、解剖によって取り出した数本の精莢

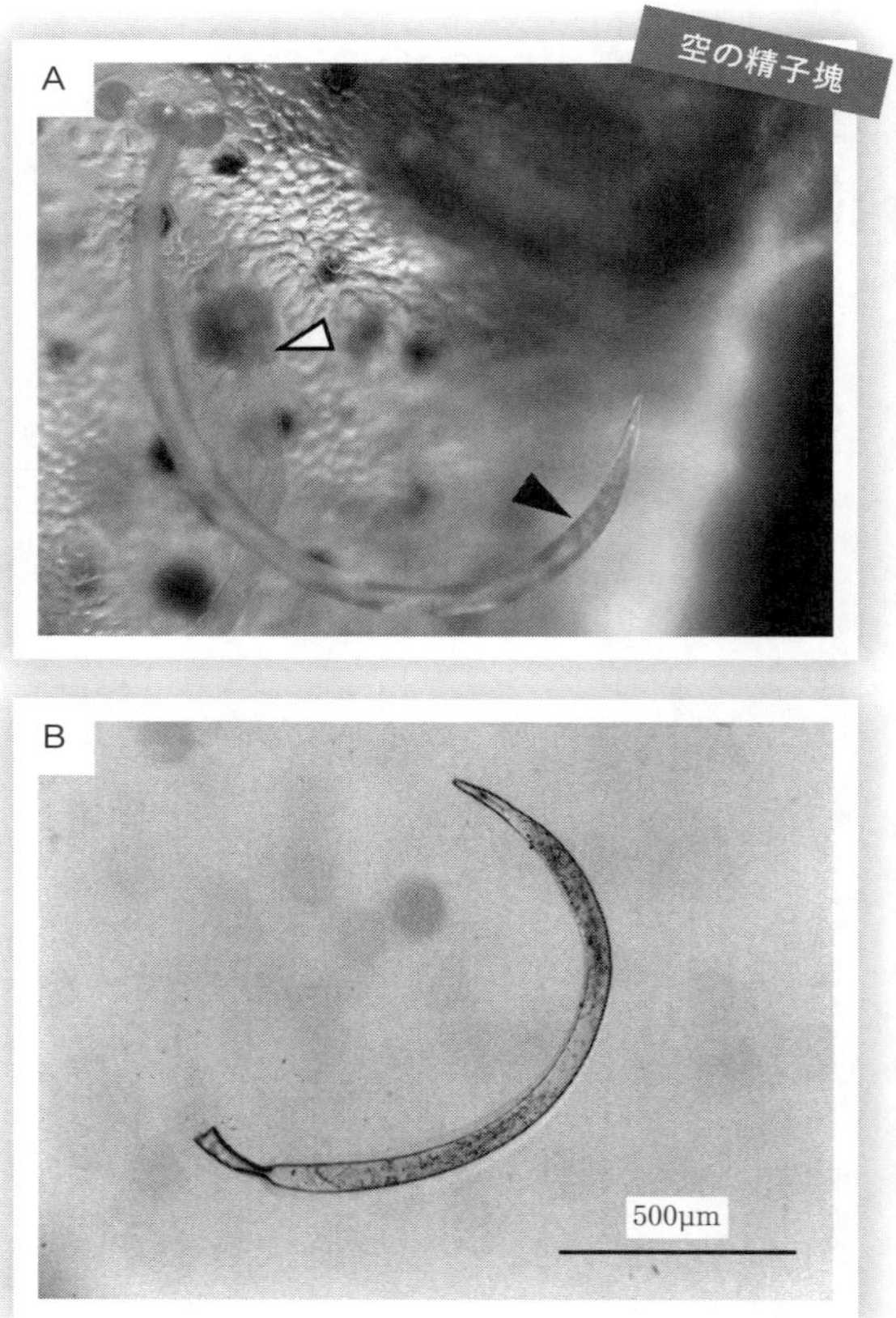

A：体に付着したもの。白矢印の精子塊はほとんど空になっているが、黒矢印の精子塊はまだ内部に精子が残っている。
B：体から外れた空の精子塊。

をスライドガラス上で刺激し、実体顕微鏡で観察してみた。すると、精莢反応によって精子塊形成が完了した後は勢いよく精子を吐き出したものの、五分もするとどの精子塊からも精子の放出が止まっているではないか。なんとなく精子塊の放出口で精子が詰まって、放出が止まっているという印象だが、これが正常な現象なのか、それとも実験的に精子を放出させたことによって引き起こされた異常な結果によるものなのかが分からない。そこで次は、実際に雌雄を交接させ、その時に雌に付着した精子塊の様子を直接観察してみることにした。交接から一日経過した雌を捕まえて麻酔をかけ、体に付着した精子塊を実体顕微鏡で直接観察してみたところ、先の実験結果とは違い、精子塊の内部に精子はほとんど残されておらず、精子塊を形成する外側の殻だけになっていた。念のため、交接した後、六時間、一二時間、一八時間、二四時間、四八時間と一定時間経過するごとに、精子塊を渡された雌に麻酔をかけて、付着精子塊内の精子を観察し、内部に精子が残っているかどうか確認を取ったところ、やはり雌の体に付着した精子塊のほとんどが一日後には内部の精子をほぼすべて放出しているということが明らかとなった。人為的に精莢反応を起こし、プレパラートやシャーレ上に貯めた海水中に放置した精子塊からは、連続的な精子放出をついぞ確認することはできなかったが、これには漏斗からの水の噴出によって精子塊が常に揺らされている等の条件が関係しているのかもしれない。しかし、最も自然なかたちで、精子塊内の状態を確認できたため、この際、その理由は問わないことにする。とにかく、精子塊が形成後、通常は精子の漏出は止まることなく起きており、精子の貯蔵という点で見ると、精子塊はごくごく短期的にしか雄の精子を保管することができないようだ。

ついばみ行動のルール

精子塊の精子貯蔵機能と移送までの時間が分かると、改めて雌によるついばみ行動の詳細について深堀りしていく必要性が出てきた。今までは単純に精子塊をついばむかどうかしか注目してこなかったのだが、この行動をどのタイミングでどれくらいの時間行うのかで、肝心の精子の貯蔵量は大きく違いが出る可能性がある。そもそも本当にうまくついばめているのか、はたまたすべての精子塊を排除するまでついばみをやめないのかなど、よく考えると、気になるポイントはたくさんある。実際に雌はどのようなルールのもとついばみ行動を行っているのだろうか。

雌雄一個体ずつのペアを一〇組程度用意し、まずは予備観察を行ってみた。水槽で交接を確認した後、雄を取り除き、その後一時間程度、雌の行動を観察したところ、ほとんどの雌は交接後五分もかからないうちに精子塊をついばもうと口を伸ばし始めたが、いくつかの個体は一時間たってもついばみ行動が見られなかった。このことから、ついばみの有無は交接を確認後、三〇分の観察でどうやら十分判断することができそうだ。

これを踏まえて、アマモ場にヒメイカが出現し始め、処女雌が多い一二月から一月と、成熟個体が数多く出現し、そのほとんどの雌が交接経験がある四月の二つの季節で行動実験を行った。雌の交接の有無を確認し、処女雌で二〇実験、既交接雌で四〇実験を行い、詳しく交接後の行動を観察していくと、やはり予備観察同様、ついばみ行動が観察された雌は、その交接経験にかかわらず、いずれも交接から五分もたたないうちに口を伸ばしていた。しかし、口を伸ばしても、必ず精子塊がついばめるわけではなく、排除成功率は五〇パーセントといったところだ。口を伸ばす時間は個体によって違っており、精子塊が体にまだ残っていようがいまいが、その多くは一〇分以内で伸びた口を体に戻していたが、中には四〇分近くも精子塊を取り外そうと奮闘している個体もいた。雌は精子塊のついていない場所にも積極的に口を伸ばしていたので、どうやらどこにいくつの精子塊が付着しているかについてはほとんど把握できていないようだ。

面白いことに、このついばみ行動の有無は、その雌にとってはじめての交接か、それともすでに交接したことがあったのかという交接経験によって結果が大きく異なり、処女雌を使った実験では半分ほどの雌個体がついばみ行動を行っていたのに対し、既交接雌を使った実験では、その大半でついばみ行動が見られた（表1）。

表1　処女雌と既交接雌のついばみ頻度

	口伸ばしあり	口伸ばしなし
処女メス	11	9
既交接メス	35	5

これら一連の観察から、ヒメイカの雌がついばみ行動に労力を割くのは交接の直後に集中していることがうかがえる。これは自分が想定しているヒメイカの精子移送過程を考えると非常に合理的な結果であるように思えた。精子塊から精子の移送がはじまる交接直後に精子の供給源となる精子塊を排除できれば、精子の貯蔵を効果的に防ぐことができる。逆に、交接から時間がたってから精子塊をついばんでも、すでに多くの精子が貯精嚢に移送された後であり、排除する効果はほとんど期待できなさそうだ。

そして、この観察による一番の収穫は、雌の交接経験が精子塊ついばみ行動に影響していたということだった。既交接雌が高頻度でついばみ行動を行っていたのは、すでに精子を確保できているため、交接相手の選考基準がより厳しくなり、積極的に精子排除のために行動している……と考えることができる。実際のところは分からないが、この結果は少なくとも、ついばみ行動が自らの繁殖をとりまく状況の違いに応じて、使い分けられている可能性があることを示していた。

嫌な雄の精子は捨ててしまえ

雄から渡された精子塊をわざわざ捨てるという行為自体は雌による配偶者選択を予感させるとても印象的な行動であるため、重要であることには違いないが、この行動はただ単に体に着いたゴミを捨てる、いわゆる掃除行動だったという可能性も考えられる。交接経験の違いによってついばみ行動の発現率に違いがあることが分かり、交接後の配偶者選択のためにこの行動を行っているという見方が強くなったものの、やはりこの結果だけでは密かな雌の配偶者選択であるCFCを行っていると判断できるほどの強い証拠とは言えない。雌が精子塊の排除によって、交尾後に配偶者選択を行っているか示すためには、精子塊の排除行動（ついばみ）にかける時間や精子塊の排除量が雄に対する好みとリンクしていることを検証する必要があると私は考えた。つまり、好みではない雄と交接した後に、ついばみ行動を長時間行い、多数の精子塊を捨てているといった証拠をつかんでやろうというわけだ。

そうは言ったものの、ヒメイカでこれを調べるのは難しい。多くの動物では雌が求愛行動を受け入れるかどうかを調べることによって好みの雄かどうかをテストする。しかし、顕著な求愛行動を行わず、雄が強引に交接を行うヒメイカではそのようなテストができないのだ。では、どうやって雌の好みをヒメイカで調べればいいのだろう。そこで目を付けたのが、交接相手の体サイズと交接時間である。体の大きさは力強さや生存力に影響しているためか、多くの動物において体の大きな雄は雌に好まれると言われている。[10] 求愛行動のような雌による体の大きさチェックの時間はないかもしれないが、強制的に行われる彼らの短い交接においてさえ、雌は交接する相手の体の大きさくらいは確認できるかもしれないし、当然ながら、交接時に組み付かれた力加減からも雄の力の強さ、ひいては体の大きさをその身をもって感じとることができるのではないだろうか。また、交接時間についても、射精量や交接の際の手際の良さといった受精成功に影響を与える指標として機能することが十分考えられる。つまり、雌の好みと関係しそうなこれら二つの計測値と雌のついばみ行動との関係性を見ようというわけである。

やることはこれまで同様、雌雄一個体ずつを交接させて、ついばみ行動をじっくり観察するだけなのだが、今回は交接の前に実験に使用する個体の体サイズ、つまり外套長をまずは計測した。そして、そのうえで交接を行わせ、交接の時間、その時に雄が雌に受け渡した精莢の数、口を伸ばす時間とそれによって排除された精子塊数をしっかり記録していく。これまでの実験の中で、断トツで行動生態学らしい内容の実験デザインである。いろいろまわり道もしたがここにきてようやく自分が最初に思い描いていた形の実験にたどり着くことができた。

麻酔で眠らせ、ノギスを使って雌雄の外套長を計測した後、両者を水槽に導入し、麻酔状態から回復させてから水槽の環境に馴致させ、実験開始となる。このころから、実験水槽を半分に分けるように塩化ビニール製の板（塩ビ版）で仕切りをして、それぞれのエリアに雌雄を入れるという馴致方法を行うようになった。この方法だと、それぞれの個体がお互いを意識することなく水槽内の環境に馴れることができるし、実験スタートとともに仕切りを外すと、新しいエリアに注意を向けるせいか、以前よりも早くお互いの存在に気づいてくれるため、交接を開始するまでの時間がぐっと短縮された。

さらに、地道に行動実験を続けてきた結果この時期になって、ようやく行動撮影において、ピントを合わせるためには対象生物とビデオカメラのレンズまでの距離、いわゆる焦点距離が重要であることに気づいた。それとともに、ビデオカメラに微小な物体を撮影できるマクロ撮影の設定があることを知り、小さいサイズのヒメイカを大写しで撮影することができるようになった。もっとも、撮影に使っていたビデオカメラは研究室にあった家庭用のもので、三脚を使って離れた位置から撮影できるズームレンズがあるわけではないため、水槽にできるだけカメラ本体を接近させるような不格好なやり方である。対象の動きにあわせて、ビデオカメラの位置を必死に調整し、小型の箱や雑巾等を使ってその位置をキープするという、傍目から見ればあまり美しくない方法ではあったが、この細かい努力のおかげで、本研究の一番のポイントである雄がどれだけ精莢を渡すのか、そして雌はどれだけ精莢を捨てるのか、それぞれの本数をディスプレイ上でしっかりカウントすることができた。

あいかわらず、交接をしない雄や、交接を確認してもその後、雄を取り除く前に再び交接してしまう雄など、実験が途中でとまってしまうケースは少なくなかったし、落ち着きがない雌を観察する際は、繰り返される移動に応じてビデオカメラをこまめに動かさなければならないなどの面倒もあったが、これまで繰り返してきた行動実験の賜物か、それでもなんとか三二ペアの行動データを回収することに成功した。

モテるのはどんな雄？

果たして、ヒメイカの雌はどのような相手と交接した時に、精子の排除をより精力的に行っていたのか。この結果を伝える前に、まずはこの実験を通して明らかになったヒメイカの繁殖に関する様々な行動の傾向からお伝えしよう。これまで数秒などと漠然とした把握に留まっていた交接時間だが、雄が雌に掴みかかり精莢を渡し終えて離れるまでの時間を正確に測ると平均四・五七秒、なんとこの短い時間で三、四本の精莢が雌に受け渡されていた。当然、交接時間が長くなるにつれ、受け渡す精莢数は増えていったが、雄や雌の体の大きさといった要素は受け渡し数に関係していなかった。

では、肝心の精子塊排除についてはどうだろう。全三二回の実験のうち二八回で雌によるついばみ行動が確認できた。このうち、一つでも精子塊を排除できた雌が一五個体おり、平均三・四七本の精子塊が捨てられていた。雄から渡された精子塊をすべて排除できた雌は八個体にのぼり、残り二〇個体の雌は途中で排除するのをやめていた。口を伸ばす時間、長いのでここからはついばみ時間と呼ぶことにするが、この時間は精子塊の排除量と関係しており、雌の排除努力量を反映する指標として使えそうだ。

ここまでで得られた繁殖に関する情報を踏まえて、ついばみ時間に交接時のどんな要素が関係するのか調べていったところ、交接相手の雄の体が大きかった場合、そして交接に時間がかかった場合に、雌はより長くついばみ行動を行っていたということが明らかとなった。この結果とリンクするように、ついばみ時間の長さが反映する精子塊排除数も同様の結果となった。つまり、実験の狙い通り、ついばみ行動に費やす時間やそれによる排除数は交接相手の雄の形質とリンクしていたことをこの結果は示しており、交接相手の特徴に応じて配偶者選択を行っている可能性があることが支持されたというわけである。

もっとも、この結果自体は実験を行っている時には何も実感できなかった。今観察している個体がどんな体の大きさなのかは当然把握できていないし、交接行動は数秒で終わるため、肉眼で交接時間を正確に知ることもできない。記録された映像からデータを起こしている時でさえ、どのような結果になるか予想もつかなかった。ついばみ時間と交接相手の関係性にまつわる結果をはじめてこの目で確認したのは表計算ソフトのエクセルに打ち込んだデータを使ってグラフを作った時だった。なんとなく関係性がありそうなグラフではあったが、それでも統計学的にどうなるかはまだ見当もつかなかった。普段は馴染みのないRという統計解析ソフトの操作に悪戦苦闘しながらも、最終的に統計学的にも支持される結果がコマンド形式であるRの無機質な画面に表示された時は大いに興奮した。

　そして私にとってとても意外だったことが、データの解析という作業の面白さである。動物の行動を観察している時、あるいはまだ見ぬ行動を発見した時こそが行動生態学的な喜びを味わえる時間だと思い込んでいた。しかし、実際にやってみて分かったのだが、実験で行動を観察することは思っていたほど面白いものではなかった。目的がデータ集めなので、その行動をするかどうかが重要だし、期待した行動を行わないこともしょっちゅうである。PC上で数字をいじるという、数学が嫌いな人間からしたらなんとなく避けたくなるようなデータ解析だが、苦労して集めたデータが目の前で形になっていく様子を味わえるこの工程は思いのほか楽しい作業で、時を忘れるほど熱中することができた。

　さらに、この結果には予想外の面白い事実が含まれていた。それは、精子塊排除を通して見えてきた雌の好みが、体サイズがより小さい雄であったということである。[11]これまで多くの動物で雌による雄の好みの研究が行われてきたが、そのほとんどで体の大きい雄がモテるとされてきた。その理由は単純で、大きい方がオス同士のけんかに強かったり、捕食者からの防御や、エサ取りに有利になる等、生存力自体も高かったりするからである。一方、小さい雄が有利とされるケースは非常にまれである。見つかっている数少ない例が小型の飛翔動物で、これらの動物では小型の雄ほど、飛ぶためのエネルギーが少なかったり、旋回能力が高かったりするため、縄張り防衛能力に長け、狩りや繁殖でも有利となるそうだ。[12] こういう動物ならば、小型の雄を雌が好むという理由も頷ける。しかし、そもそも高度な移動能力をあてにしていないヒメイカに関してはこの理由はあまり関係がなさそうに思える。この現象はなんだかおもしろい進化の秘密が隠されている気がしたのだが、残念ながらそれを説明するためのうまい理由が思いつかなかった。なんとかひねり出したアイデアは、小型の方がアマモに上手く隠れることができるため、大型雄よりも生存率が高いといったものである。なんとも穴のありそうな仮説であるが、どうがんばってもこれくらいのことしか思い当たらなかった。

自信と裏腹の散々な反応

行動研究のはじめは失敗の連続で、想定とは異なる方向に進んだこともあったが、最終的にはCFCの可能性を強く示す結果を得ることができた。それも小さな雄を好むという、風変わりな雌の選好性を発見するというおまけつきである。当然ながら、分かりやすく私は色めき立った。ようやく周りを見返すときが来たのだ。この成果が評価されないわけがない。それほどこの結果には自信があった。難攻不落のCFC研究に風穴を開けるとはいかないまでも、大きな爪痕を残すことはできるはずである。学会で発表すれば、若手対象の発表賞くらいは絶対にもらえるはずだ。そういう下心を必死に隠しながら、意気揚々と生態学会にこの成果を持ち込み、発表を行った。この学会ではポスター発表のカテゴリーにて、優れた大学院生や若手のポスドクの研究発表に発表賞が授与されることになっており、まさに私が評価される場としてはうってつけのように思えた。ポスターの作成にもかなり気合を入れ、イラストや写真を駆使して自分なりに凝ったデザインにした気がする。ところが、いざポスター発表の時間が来ても、発表を聞こうと私のポスターの前で立ち止まる人はほとんどいなかった。想定では、ひっきりなしに聴衆が集まるはずが、人もとぎれとぎれにしか来ない。自然と天井の模様を見たり、壁のシミの数を数えたりして、暇つぶしをする時間が増えてきた。たまに立ち止まり話を聞いてくれた人はいるにはいるのだが、大した食いつきもなくその場を去るばかり。当然、発表賞も、最優秀賞どころか優秀賞にも名前が挙がることはなかった。他にも動物行動学会や海外で開催された国際頭足類学会でも発表してみたが、聴衆の反応は鈍く、期待したような評価を得ることはできなかった。

思わぬ発見によって湧きあがった刹那的な自信というのはもろいもので、聴衆の反応一つで簡単に揺らいでしまった。すごい成果だと思ったのは勘違いにすぎないのだろうか。もしかして、面白いと思っているのは自分だけなのかもしれない。この揺らぎ始めた自信が決定的に崩壊したのは博士号を取得するための学位審査の場だった。

学会発表でほとんど反応を得ることができなかったのは、ポスターのデザインや私の外見、設置場所が影響し、思うように人が集まらなかった可能性があるかもしれないが、少なくとも学位審査の場では確実に審査する先生方からはっきりとしたリアクションがいただける。揺らぎ始めた自信をどうにか奮い立たせ、思いのたけをぶちまけるかのように強気で発表を行った私を待っていたのは、各先生からのかなり厳しいコメントだった。その中でも未だに覚えているのは、この研究は自分の立てたストーリーを重視しすぎで、実が無いというコメントだった。

今から振り返ると、仮説検証型の研究背景をもとにした自分の研究と、得られた結果から現象をそのまま解釈する審査委員の先生方の探索型研究にはスタンスに大きな違いがあったということも大きく影響しているし、何よりこれは学位審査なので、厳しめの意見を投げて、私がしっかりディフェンスできているかを見るためのコメントでもあったのだろうが、当時はそれについて冷静に考えることはできなかった。なにより、この指摘は思い当たる節が多々あった。確かに自分の研究はヒメイカの本来の生態を無視して、水槽内というかなり限定した環境での雄選びを扱っているに過ぎない。そういう弱点を自分自身も感じていたので、その指摘はことのほか私の心に大きく響いた。CFCに関するこの発見は結局のところ、それほど大したものではないという烙印が押されたような気持ちにすっかりなってしまった。

学位審査の終わりには、副査の先生から「まぁ、努力はしているようだから」という一見、フォローしているようで、なにもフォローしていないコメントが突き刺さり、最終的には、主査である宗原先生の「それじゃあ、審査は不可ということで!」という笑顔のジョークが決定的なとどめとなった。悪夢のコンボにボロボロになった私がかろうじて返すことができたのは、ハハハという乾いた笑いだけだった。

ヒメイカ研究としばしの別れ

学位審査をくぐり抜け、なんとか博士号を取得することはできたものの、それと引き換えるように研究への自信を失ってしまった。しかし自信を回復して次の研究に備えるという時間はもう残されていなかった。博士号を取得したということは学生ではなくなることを意味している。次の身の振り方を考えるときが来たということだ。現時点で何も進路が決まっていない私の選択肢はかなり限定されていた。最も現実的なのが、研究室に残り細々とバイトをしながらヒメイカの研究にしがみつき、成果をあげてチャンスを待つという道である。

まだ研究実績がほとんどない私が、ヒメイカの研究を継続したいのであればこれが一番のように思うが、ここ最近の学会や学位審査の一連の経緯ですっかり精神的に弱ってしまった私は、この道を選ぶことに消極的だった。なんとなくヒメイカから距離を置きたい気分になっていたし、そして何よりお金が欲しかった。というのも、博士課程前半戦で犯したミスが響いたせいか、三年できれいに卒業することはかなわず、すでに一年余計に大学院生活を送っていたのである。こんな時のためにと、貰っていた奨学金を貯めてはいたものの、それもこの一年で底をついていたし、さらに七〇〇万円にもおよぶその奨学金の返済も待ち構えていた。

そんなときに、都合よく、静岡にある遠洋水産研究所（現・水産研究・教育機構）から研究支援職員の募集の話が飛び込んできた。なんでもマグロはえ縄漁船に乗って、アホウドリの混獲を防ぐ研究をするという、これまでの研究とは方向性が大きく違う仕事である。契約内容を確認すると、どうやら一年更新の臨時職員という立場だったが、給料はそれなりに貰えるようだ。

仕事の内容から船に長期乗船する必要がある、なかなかタフな仕事であることは簡単に予想できた。ところが普通なら二の足を踏むであろうこの仕事に、私は深く考えることもなく飛びついた。長期乗船なんて最も嫌う要素だと思うのだが、なぜかこのときは、それもロマンだ、といったようにポジティブにとらえることができた。それほどまでに、お金を稼ぐ当てがないという状況は私から冷静に判断する力を奪っていた。

もちろん、この仕事を選んだことでヒメイカの研究に戻れなくなるのではないかということを考えなかったわけではない。ただ、ふつうはあまりいい印象を受けない一年更新の非正規雇用という身分も、ヒメイカの研究にいつでも戻れる余地を残している。実際にそんな余地があるのかは怪しいところだが、少なくともそんな気にさせてくれた。決してヒメイカから逃げたわけではない。まずは生活のために生きるのだ。そう自分を納得させて、ヒメイカ研究からいったん離れるという道を選んだのだった。

3章

密かな恋を支える精子のやりとり

1 異なる二本の交接腕の謎

未練か、やりがいか

研究室で孤独にヒメイカを観察するか、本棚の壁に囲まれたデスクでパソコンに向かうかのどちらかに限定された、まさに引きこもりさながらの学生生活を送ってきたが、当然ながら水産研究所への就職と共に私の環境は一変した。椅子から立ち上がれば人の顔もＰＣ画面も見えるオープンな雰囲気のオフィスでの作業。研究者やパートさん、漁業関係者など様々な人との交流。三〇才を目前にして私もようやく社会人の仲間入りをはたしたのだ。

さて、この職場で私が担当するマグロはえ縄漁による海鳥混獲問題についてまずは簡単に説明する。みんなが大好きなマグロだが、その巨大なニーズに答えるために、世界各国で日夜、漁が行われ、漁獲されている。中でも重要なのが、いくつもの釣り針がついた長い縄を海中に一定時間設置するはえ縄漁である。ところが、このはえ縄の設置を行う際に、釣り餌をかすめ取ろうと海鳥がやってくる。餌が取られるくらいだったらいいが、そのうちのいくつかは釣り針に引っ掛かって溺死してしまう。そして、この溺死する対象が、絶滅危惧種であるアホウドリの仲間というのが大きな問題となっているのだ。すでに環境保護団体から指摘され、各地域のマグロの資源管理を行う委員会でも対策が求められている。私が担当するのは、海鳥からの攻撃を防ぎ、安全にはえ縄を設定するための装置を、実際の漁を通して実験的に評価するという業務である。

行動を実験的に評価するという内容なので、一応これまでの研究経験を活かすことが可能ではあるのだが、これから取り組むはえ縄漁や海鳥に関する知識が、当然ながら私には全くない。業務をこなすためにも基礎となる情報を頭にたたきこむ必要があったのだが、座学はとりあえず横に置き、まずは現場を体験して来いということで、引っ越しから一〇日も経たないうちに日本近海で操業する調査用にカスタマイズされた漁船に乗船することになった。確かに、大学卒業したての新人ではないし、一応、すぐ船に乗るという話は聞いていたものの、いきなり洋上に送りこまれるとはなかなかに乱暴な扱いである。荒波に揺られながら、図鑑片手に双眼鏡で海鳥の種同定と潜水行動の観察を行うのはなかなかにハードではあったが、幸いなことに船には結構強いタイプだったようで、船酔いすることもなく、一か月ほどの乗船業務を終えて、上陸するころには少し体重が増えているほどだった。この航海で、こいつは手荒に扱っても問題なしだと判断されたのかは分からないが、数か月後にはめでたく、南アフリカ沖で操業する現役バリバリの商業用の漁船に派遣されることとなった。

練習がてら最初に乗船した船とは本気度が違い、漁獲量が収入に直結する現役遠洋マグロ漁船の船員が課せられる業務時間や作業内容は熾烈そのものだった。当然、少々の時化《しけ》くらいでは漁を休まないので、前後左右に大きく揺れ、体の大きな漁師どころか一〇〇キロ越えのマグロやカジキを簡単に押し流すほどの船の甲板に流れこむ大量の波に恐怖を感じながら漁獲物の記録を行うというスリリングな体験をすることができた。このように話すと、さぞかしストレスをかかえて大変だったろうと心配してくれる方が多いのだが、人間とは単純なもので一週間もすればこの環境にもある程度慣れ、実際はそこそこ楽しくすごすことができた。

南半球でマグロ漁船に揺られる現在の姿を半年前には誰が想像しただろう。縄入れの時には世界最大の海鳥であるワタリアホウドリが船の周りを旋回し、縄を引き上げる時には重さ数百キロを超えるミナミマグロやマカジキと漁師との壮絶な戦いが目の前で繰り広げられる。壮観である。もっとも、研究者として乗船している私が危険な漁師の作業に加わることは許されていなかった。長時間に及ぶ漁師の揚げ縄作業を傍観するだけなので、アホウドリを観察する投縄の時以外は結構暇である。手隙の時間でできることは物思いにふけることしかないとなると、考えの矛先は自然と将来のことに向いてしまう。

思い返すと、この船に乗船するまでもいろいろな漁業関係者との交流があった。はえ縄漁による混獲を防ぐため、マグロ漁業の業界人や漁師から漁のことや、道具のことについて話を聞き、時には水産庁に出向いてお役人と会議をしたこともあった。自分の興味のもと、生き物の生態を探る基礎研究とは違い、人が求め、人の役に立つ応用研究はこれまで感じたことがないやりがいというものにあふれていた。これはこれで面白い仕事である。このまま続けていけば、正規雇用に切り替わる可能性もないわけではない。しかし、どうしてもヒメイカの研究が頭にちらついた。

ヒメイカ研究の終わりがあんなかたちで良かったのだろうか。学位審査で指摘されたように、ヒメイカの雄選びが本来の環境ではどのように行われているか分からないし、何よりCFCについてもまだ検証できたという実感がなかった。自然の繁殖状態を知るためには、長期的な野外調査を行う必要がありそうだ。ついばみ行動によるCFCのより確かな証拠を得るには、実際の受精成功を確認するような実験を組まなければいけないが、さてどうするべきか。そんなことを、つい空いた時間で考えてしまう。しかし、それと同時に、自分の研究に対する能力や熱量に対する不安が顔をのぞかせた。学会で表彰されているような同年代の研究者の発表には圧倒されるばかりだったし、その研究成果の陰には並々ならぬ研究への情熱が常に見え隠れした。ヒメイカの研究で生きていくためには、そんなハイレベルな研究者を相手に研究職のポストを争っていかなければいけない。自分にそんな能力や情熱が果たしてあるのだろうか。

ところが、いくら不安に悩もうが、隙間時間で考えるのはどのような実験を組もうか、どのような調査をしようかといったことばかりだった。博士課程ではいろいろ苦しんだし、別にヒメイカの姿を四六時中見ていたいというような特別な思い入れがあるわけでもないのだが、どうやら自分はまだヒメイカの研究から離れたくないらしい。そんな気持ちに気づいてしまえばなんだか覚悟めいたものが定まるようで、航海の後半は、どうやったらヒメイカの研究に戻れるだろうかといったことばかり考えていた。しかしいくらその方法を考えたところで、船の上で海鳥の数を数えるこの仕事をしている限り、どう転んでもヒメイカに触ることすらかなわないように思えた。

研究ネットワークに助けられ

船から降りた私を待っていたのは長期の休暇だった。乗船業務を一か月以上連続で行っていたため、本来休むべき土曜、日曜の分の振替休日が一〇日分も溜まっていたのである。土日を上手く挟むと二週間という長い自由時間が突如として舞い込んできた。とはいえ、この時間で一体何ができるだろうか。

ところで、私は人見知りである。初めての人は当然ながら、数回会ったことがある程度の関係性のうすい人にも気さくに声をかけることができない。こんな性格に加え、研究室のメンバーとは参加する学会が異なるので、いつも知り合いがいない一人きりの学会参加をする羽目になる。当然、学会の懇親会では誰とも話すことなく、時間をつぶすように飲み食いをして時間が終わる。そんな無駄金を使うくらいならいっそのこと、懇親会なんか参加しなければいいと思われるかもしれないが、著名な先生や有望な若手研究者とのつながりや、その先にある共同研究への発展というものに一縷の期待を抱いてしまい、やめるにやめられなかった。どこまでも小物な自分が憎たらしい。毎度、目の前で繰り広げられる他の誰かのコミュニティーが広がっていく様子を横目に、あくまでも自分はそんなものに興味がないようなそぶりで揚げ物をほおばり、宿への帰り道の途中で自分の無能を嘆くのである。

しかし、そんなぼっち研究者の私にも、研究を通した交流の芽が生まれようとしていた。もっともそのきっかけは自分からではなく、博士課程の三年目の冬頃に頼りになる先輩、岩田さんの野外調査を手伝った繋がりから生まれたものではあるのだが。この調査に同行していたのが、番組制作会社を経営している藤原英史さんである。主に自然科学系の教育番組を中心に番組制作をしている藤原さんは、当時、どこで話してもほとんど反応がなかった私のヒメイカ研究の話に興味を持ってくれた貴重な人だった。さらに、この藤原さんのつながりによって、お茶の水女子大で精子の運動や受精のメカニズムを研究していた広橋教貴さんとも知り合うことができた。広橋さんもまた、自分のヒメイカ研究が面白いと評価してくれた人の一人である。当時は自分の研究に価値が無いと自信を失っていたので、この二人に興味を持ってもらったのは大きな救いだったように思う。さらに、時を遡ること二年前、博士課程三年目の時にスペインで開かれた国際頭足類学会の場で、当時、大阪大学でヒメイカのゲノムや発生の研究をしていた吉田真明さんとも知り合いになった。春日井さんと自分以外に誰もいないと思っていたヒメイカを研究している人に初めて出会い、驚きと同時に仲間がいたという奇妙な安心感を味わったことを覚えている。

急遽できたこの休暇を使って、何の気なしにお茶の水女子大の広橋先生の研究室を訪ねることにした。都合がいいことに、藤原さんの会社も関東にあり、吉田さんもお茶の水女子大で研究員として働いていた。ちょうど岩田さんも海外留学から戻ってきたタイミングだったと記憶している。久々の再会というだけでなく、イカという生物に興味があるメンバー同士ということもあり、研究の話は非常に盛り上がった。それぞれの近況報告を通して精力的に研究活動を行っていることがビンビン伝わってくる。自分も負けじとヒメイカでやり残した研究について話すと、嬉しいことにそれをしっかりと受け止めてくれるのである。非常に有意義な時間であった。しかし、それと共に、なんだか、自分だけ時が止まっているような焦りも感じた。新しい試みを常に続けている彼らと違い、自分のヒメイカの研究だけが停滞していた。

驚愕すべきプロの撮影技術

話は前後するが、静岡に引っ越す前のタイミングで、思いのほか私の研究に興味を持ってくれた藤原さんと話が盛り上がり、某テレビ局の自然系番組にヒメイカの売り込みをかけていた。たとえ番組に取り上げられたとしてもヒメイカの研究が進むわけではないが、ヒメイカというマイナーなイカに、そして自分の研究に日が当たる絶好のチャンスである。幸いなことにこの売り込みは上手くいき、就職して初めての乗船で悪戦苦闘している裏で、撮影することが決定していたのだった。乗船後の連続休暇期間はその撮影を行ううえで申し分のないタイミングでもあった。

プロのカメラマンが携わる撮影に本来私の居場所はないが、水槽のセッティングやより素早く行動を観察するためのアドバイザーというような立場で撮影に参加させてもらうことができた。撮影自体は藤原さんのオフィス兼スタジオで行われたので、私もそこにお邪魔し、宿泊させてもらいながら撮影の成り行きを見守ることとなった。肝心のヒメイカの入手だが、ヒメイカがいるか分からぬ静岡の地に来たばかりで、サンプリング場所の情報を一つも持っていなかった私を助けてくれたのは、やはり春日井さんである。すぐさま、活きの良いヒメイカを藤原さんのオフィスまで輸送してくれた。監修のような立場での参加にもかかわらず、なんとも役立たずで情けない。

しかし、私に求められているいちばんの役割はヒメイカの調達ではなく、どのようにヒメイカを扱えば交接行動を上手く観察できるかという、いわば撮影前の生き物のセッティングに関してのアドバイスである。気を取り直して、藤原さんに観察に適切な馴致時間や、雄雌の隔離方法、使用する水槽サイズを伝える。私の話をベースに、藤原さんが撮影するための水槽を組み、撮影プランをプロカメラマンに伝える。経験したことのない雰囲気に緊張しながら、その様子を見守ると、巨大なジュラルミンケースから取り出されたごついカメラが三脚に取り付けられた。どうやらスーパースローカメラによる撮影を行うようだ。

今でこそ、スーパースロー撮影できる市販のカメラもかなり普及してきたが、当時としては一般には入手不可能。ましてや仕事とは関係なく、個人的にヒメイカの研究に手を出している自分とは縁遠い高額機材である。なにより、私が使用していた一般用のビデオカメラとは重量感やたたずまいが違う。さらに、小さい生物を画面いっぱいのサイズで撮影するためのマクロレンズ、素早い動きに対応するために柔軟にカメラを動かすことができる三脚、様々な位置に取り付けられた照明セットと、カメラだけでなく撮影環境自体からして異なる。そんな状況が目の前で次々と準備されていく様子がただただ新鮮だった。

当然、撮影されたヒメイカの映像はかつて自分がやっとのことで撮影したものとは比べ物にならないクオリティだった。画面いっぱいに大写しにされたイカの持ち前の透明感はそのままに、その魅力的な行動があますことなく収められている。もっとも、自分の場合はそもそも上等な撮影機材を整えるお金もなく、行動の記録が最優先なので、映像を記録する目的が違うと言えばそれまでなのだが、研究発表でも論文にするでも映像がきれいであることに越したことはないし、新たな発見だってありうる。特に、照明の当て方やガラスへの反射を少し気にするだけでも、ぐっと美しく見える等、機材の質に関係なく役に立つちょっとした撮影準備に関するコツを知ることができたのは大きな収穫だった。

結末を言ってしまうと、このヒメイカの売り込みの話は企画が通り、テレビでは流れた。だが、毎回特定の動物に焦点を当てて、番組の時間一杯でその生態を紹介するというメインのコーナーで扱われることはなく、残念ながら三分ほどのミニコーナーでの紹介にとどまった。当初はメインのコーナーで扱われるという話だったのだが、生き物自体が小さくて面白くないという理由から急遽格下げとなったとのことだった。サポートとしての参加とはいえ、自分の研究が大きく取り上げられ、ちょっとは注目されるかもと少なからず期待していたので、この肩透かしはショックだった。しかし、この試みを通して、撮影された交接行動から、非常に面白い成果が転がってきたのである。

ヒメイカの交接行動は雄が雌に組み付いてから、雄が雌から離れる、もしくは雌が雄を振りほどいて泳ぎ去るまで約四秒ほどと非常に短い時間で終了する。この短時間で、雄は精莢を雌に付着させるのだが、私の持っていた通常のビデオカメラのスロー撮影では、短い時間で完結する彼らの素

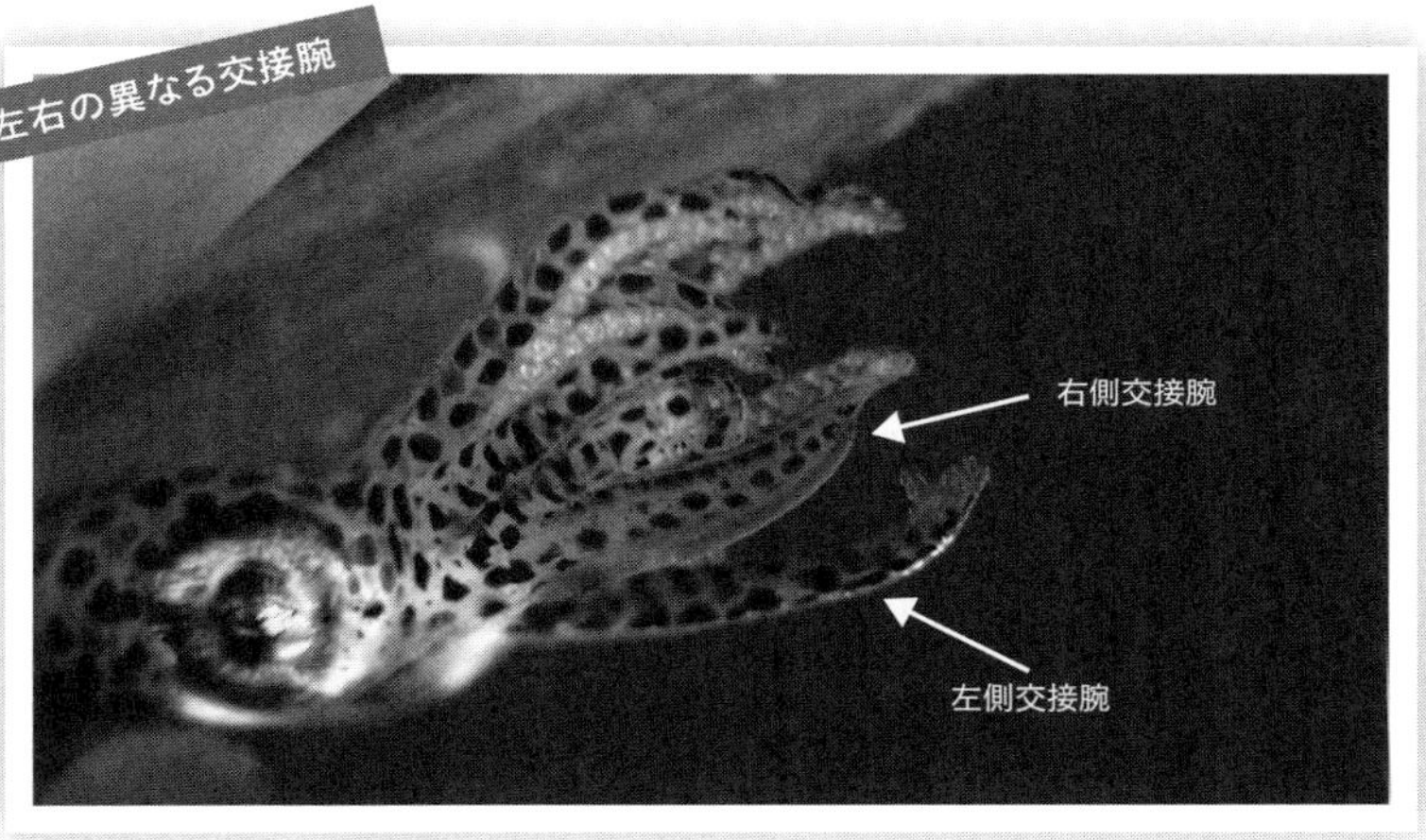

早い動きを完全に追うことはできなかった。それが画面いっぱいに映し出されたスーパースロー映像によって、はっきりと観察することができたのである。

交接腕の使い方

この話をする前に触れておかなければいけないのが、ヒメイカの交接腕は他のイカに比べて少々特殊であるということだ。多くのイカにおいて、交接腕化するのは一本の腕だけなのだが、ことヒメイカにおいては、左右二本の、それもそれぞれが形の異なる交接腕をもっている。一本は左側の腹側にある第四腕で、先端がなべ掴みのような形状。もう一本は右側の第四腕で、腕の外側にひだがあり、これが外向きにカールしている。まるで雨どいのような構造である。いったい何故、ヒメイカが二本の異なる形態の交接腕を持っているのか、その理由については何も分かっていなかった。特に、後者のひだがカールしている方の腕の機能が見当もつかない。他のイカには

精子の受け渡し過程

雌に抱き着くと共に、すぐさま右側の交接腕を雌の腕の中に潜り込ませ、それと同時に左側の交接腕を折り曲げ、先端を漏斗の入り口に持っていく(00:01)。右側の交接腕は雌の口を避けるように回りこみ背中側まで伸ばされ、静止する。一方、左の交接腕は漏斗から飛び出た精莢をすばやくつかむ(00:09)。右の交接腕に沿って、精莢を掴んだ左交接腕を伸ばし、精子塊の受け渡し完了(00:11)。右交接腕が指し示す場所を変えることで、付着場所を自由にコントロールできる。00:16からは2回目、00:33からは3回目の受け渡し。撮影:藤原英史。

〈動画URL〉https://youtu.be/swJZ2BgmxrQ

見られないこの構造はいったい何のために使われているのだろうか。

そんな疑問をすっかり解消するような貴重な映像が、プロの撮影技術によって完璧に捉えられたのである。雄が雌に掴みかかるやいなや、なべ掴み状の左交接腕をぐいっと曲げて、精莢が出てくる漏斗近くに手元を待機させる。一方、カールした方の右交接腕は雌の腕の中にするりと差し込まれると、腕の隙間をかいくぐり、先端が適当な腕の根元を指し示すようにあてがわれる。まもなくして、漏斗から精莢が飛び出してくる。勢いよく体外に飛び出すものの、精莢の紐が奥で引っ掛かっているのか、漏斗の出口でぴたりと静止する。すると流れるような動きで待ち構えていた左腕が瞬時にそれを掴む。ここまではこれまでの観察でもなんとなく理解できていた。

しかし、ここからのひだがカールしたもう一つの交接腕の働きが、今回の観察で明らかになったところである。精莢を掴んだ左腕を右腕にあてがい、カールしたひだに沿って左腕を伸ばすと、右腕が指し示す場所に自然と精莢を掴んだ左腕が到達したのだ。精莢反応がすでに起こっているので、精莢から飛び出した精子塊がそのままそこにぴたりと付着することになる。つまりカールしたひだをもつ方の右腕は交接によって精子塊を付着するためのガイドの機能を果たしているのだ。さらに面白いことは、この腕は、受け渡しのたびにその指し示す場所を変えることだ。最初の精莢の受け渡しを終えた後、すぐに次の受け渡しのために左腕は再び漏斗の入り口にセットされると、右腕も左腕同様に再び動き出し、最初に受け渡した場所とは異なる所にその先端をあてがっていたのだった。

精莢受け渡しのためのガイドまで獲得し、受け渡しのたびに精子塊を付着させる場所を変えていることを考えると、ヒメイカの雄にとって、精莢の受け渡しという行為には強い進化のための力、いわゆる淘汰圧がかかっているに違いない。そのバックボーンとして考えられる理由は、やはり雌による精子塊排除に対抗するためということである。同じ場所に精子塊を受け渡すと雌によって根こそぎ捨てられてしまうかもしれない。分散投資をするための精密な受け渡し装置がヒメイカの二本目の特殊な交接腕ということなのではないだろうか。

テレビにヒメイカを売り込むという試みは失敗したが、けがの功名とはまさにこのことだろう。思わぬ形で繁殖に繋がる発見をすることができた。[1] ヒメイカ研究を仕事にしていない立場で得られた成果ということを考えると、喜びもひとしおである。だが、ラッキーパンチも二度はないだろう。今の立場ではこれが限界であることもなんとなく理解できた。ちゃんとしたヒメイカ研究をするためには、やはりそれなりの仕事に就く必要がある。

狭き門、学振特別研究員

活発に研究を続ける人たちとの交流に刺激されたところに、思いがけない研究成果が飛び込んできたことで私の研究への気持ちは完全に振り切れた。絶対にヒメイカの研究に戻ってやる。収入を得ながらヒメイカの研究を行う方法は現状でたった一つしか見つからなかった。日本学術振興会の特別研究員制度に採用される道である。

日本学術振興会特別研究員制度（通称：学振）は三年間という任期付きの研究員職で、月額三〇万円強の給料と研究費がもらえ、自分のやりたい研究テーマに挑むことができる研究者には夢のあるものなのだが、その審査は厳しく、採択率は二〇パーセントほどに留まっており、この職に選ばれるには高い壁が立ちはだかっていた。自分自身も、これまで修士課程、博士課程で五回ほどトライしていたが、箸にも棒にも引っかからなかった。最初のころは不採択という審査結果しか分からなかったが、途中からは落ちた人の中のだいたいの順位も分かるようにシステムが変わり、自分の申請書が、全体の半分よりも下の順位を示すC評価しかもらえてなかったことで、なんとなく自分には縁遠い制度だとあきらめていた。

しかし、縁遠いとは感じていながらも、今のようにヒメイカ研究への情熱の炎が燃え上がったずっと前、つまり、新しい職に就いて間もないころに出すだけは出そうと、とりあえず応募していたのである。自分の未練たらしい性格がよく表れているようで情けないが、驚くべきことに、これがまさかの予選突破、書類審査を通過したのだった。下手な鉄砲数打ちゃ当たる、ではないがこの時ばかりは諦めが悪くも果敢にこの制度にチャレンジした当時の自分をほめてあげたい気持ちでいっぱいだった。

ところがこの年は自民党から民主党への政権交代が行われ、今では聞くも懐かしい、事業仕分けの影響をもろに受けた年。なんとその影響はこの特別研究員事業にも及び、予算が確定せず審査が遅れに遅れていた。例年であれば、一〇月には審査が決定するはずが、一二月になってもまだ通知が来ないのである。審査の結果なんてただ待てばいいだけではないかと思われるかもしれないが、一年契約の立場の私は、翌年の身の振り方について、引き続き雇用をお願いするかどうかを職場に報告する必要がある。そして、なにより、年をまたぐように一か月間におよぶ、今年三回目のマグロ漁船での乗船業務が入っていた。ここまでには進路を確定させ、晴れ晴れとした気分で業務にあたりたかったのだが、残念ながらとうとう乗船前に審査結果を手にすることはかなわなかった。しかたなく、同僚に結果の確認をお願いして、浮ついた気持ちのまま、寒風吹きすさぶ、というか大荒れの冬の太平洋に向かうこととなった。

激しい揺れに初めて盛大な船酔いをし、調査中に眼鏡も割れたが、翌年はこんなことをしなくていい、ヒメイカが待っているという審査結果への希望のおかげで調査の日程は順調に消化されていった。忘れもしない、一二月三〇日。漁の終わりに通信長から、私宛に衛星通信でファックスが届いているとの連絡があった。よほどのことがない限り、陸上からの連絡はない。時期的にも間違いなく、審査結果を知らせるものだ。緊張した面持ちで印刷された紙に書かれた文面を見ると、そこには「伝えづらいことだけど、不採択です」との文字が並んでいた。これまでの学振へのチャレンジのなかで最大のチャンスだっただけに、自分は採用されるのではと期待しすぎていたところに飛び込んできた不採択のニュースの衝撃は大きかった。なんだか体からガクっと力が抜けるような、そんな脱力感が体を走った。しかし、仕事の後の疲れのせいか、そこまで落ち込むことはなく、「まぁそうだよな」と、不思議とすぐに気持ちを切り替えることができた。風呂に入り、寝床に潜り込むと、いつものようにあっという間に眠りに落ちた。

ところが、翌日。強烈な倦怠感と高熱からくる体の辛さで目が覚めた。ベットから出ようと体に力を入れたが、とてもじゃないが起き上がれない。湯冷めしたとは思えないし、漁師の中に風邪の人は誰もいない。風邪をひいたとは考えられないとすると、思い当たるのは昨晩の残念なニュースによるショックしかなかった。うまく折り合いをつけることができたとばかり思っていたが、どうやら想像以上に精神的なショックを受けていたらしい。仕事に参加することは諦め、布団の中で病状の回復を図った。翌日も病状は回復せず、仕事を二日も空けることになってしまった。「新年をマグロ漁船の中で迎えるなんてなかなかないよ?」なんて上司に言われて送り出されたが、まさかマグロ漁船の布団の中で新年を迎えることになるとはさすがの上司も思わなかっただろう。突如として床に臥せった私をやさしく看病してくれた船員さんたちも体調不良の理由など知る由もなかった。

そんな悲しい不採択ドラマを経て、もう一年マグロ漁船での研究業務にお世話になることになったが、このつらい経験が生きたのか、補欠合格というギリギリの形ではあったが、次の年には無事に学振の特別研究員に採択されることとなった。二年のブランクとはなったものの、ヒメイカの研究にカムバックである。もちろん、採択された嬉しさはひとしおだったが、それ以上に当時は研究の最前線から二年も遠ざかってしまったということで焦りのほうが強かったと記憶している。しかし、今振り返ると、まったく別の研究に携わったこの二年間は、研究という行為への飢えだけでなく、成果を絶対に論文にしてみせるという強い決意を呼び起こさせ、漠然と研究を行っている向きが強かった学生時代のふわふわした研究態度を、大きく成長させてくれた貴重な時間でもあった。

2 密かな恋の証拠を掴め！

受精成功を決めるルール

学振特別研究員の受け入れ先にお願いしていたのは長崎大で魚類の動物行動学の研究を行っている竹垣毅さんの研究室だった。学会でも一度も話をしたことがないくらい、まったく交流がない関係だったが、動物の配偶者選択を研究テーマに扱っており、野外調査と室内実験をどちらもうまく取り入れて研究されているという点に惹かれ、受け入れをお願いした。これまで、なんとなく自分なりの考えで繁殖戦略の研究を行ってきたので、一度くらいしっかりこのテーマに向き合っている専門家と話ができる環境で揉まれたいというのが竹垣さんの研究室を選んだ思惑である。細身で高身長の強面で、一見怖そうな雰囲気の竹垣さんだが、実際はとても話しやすく、親身に相談に乗ってくれる人で、今回学振に採択されたのはほとんど竹垣さんに申請書の内容をチェックしてもらったおかげといっても過言ではない。しょうもないジョークを連発するのが玉に瑕だが、行動生態学的な研究に対して確かな審美眼を持っており、今でも頼りにしている研究者だ。

北海道ではじまったヒメイカの研究だが、その舞台をもとめてとうとう九州にまで来てしまった。それでもヒメイカの研究に戻ることができたのはありがたい。しかし、学振特別研究員の任期はたったの三年。自由に研究できる時間には限りがあった。悠長に構えている余裕はない。とにかくやりたいことに片っ端から手を付けて、バリバリ研究をしていかなければならない。まず最初に取り組んだのは、交接後の精子塊排除が受精成功にまで影響を及ぼすのかという研究テーマである。博士課程で発見したついばみ行動による精子排除だが、雌による配偶者選択という点を考えると、この行動によって最終的に行きつく結果は、交接できたにもかかわらず、雌によって精子が排除された雄は子供をあまり残すことができないということである。当然、これまで明らかになった状況から、直前に交接した雄の精子が捨てられるため、貯精嚢に貯蔵される量が減少することが予測されてはいたが、実際についばみ行動が受精成功にも影響を及ぼしたのかというところまでは検証できていなかった。

これを検証するためには、ヒメイカにおける受精成功のルールを知る必要がある。一匹の雌に対して複数の雄が交尾を行った場合、受精をめぐって精子競争が起こる。雌が複数の卵を産卵する場合、どの雄がより多く子供を残すことができるだろうか。最も基本的な考え方は、より多くの精子を雌に受け渡した雄ほど高い受精成功を獲得できるというものであろう。この考え方は精子競争の大家、ゲオフパーカーによって提唱された宝くじの原理（raffle model）によるもので、卵が精子の宝くじを引いて受精という「当たり」を引き当てることを想定すると、箱の中にどれだけ多く「自分の精子というくじ」を入れることができるかが当たりを多く引かせるために重要になるというわけだ。[2]しかし、この基本的かつ合理的なルールが当てはまらない場合も当然存在する。その最たる例が、最後の雄の優先性という考え方である。

雌がたくさんの雄と交尾をする動物のなかには、最後に交尾した雄が受精成功のほとんどを手に入れるというケースはめずらしくない[3]。この結果はたとえその前の雄が最も多く精子を受け渡すことができていたとしても変わらない。先ほどのラフルモデルが示す結果のようにならないのは、最後に射精した雄の精子が、最も卵と受精しやすいポジションに配置される場合である。また、精子競争における戦略として、雄が以前に交尾したライバル雄の精子を、自らの交尾前に雌の体から排除する場合も、最終的に最も多くの精子を雌の体内に残すことができる雄は最後の雄ということになるだろう。このように、単純に精子の数を見ているだけでは、受精成功を判断できないのだ。

ヒメイカの場合はどうだろう。これまで見てきたように雄から受け渡され、精子塊から漏れ出た精子は貯精嚢に運ばれて、そこで産卵まで貯蔵されたのち、受精に使われるというのが一般的な考え方であり、その点から考えると雄の射精量たる受け渡し精子塊数は受精成功にリンクしていることが期待できる。その一方で、貯精嚢内の構造を考えると最後の雄の優先性が存在する可能性も否定できない。ただの精子を貯めるだけの単純な袋構造でしかない貯精嚢には精子が出入りする経路が一つしかない。よって最後に交接した雄の精子がその入り口付近に多く滞留し、真っ先に受精に使用されるということも十分に考えられる。

もっとも、以前作った組織切片の観察から貯精嚢内に溜まる精子の様子を思い出すと、遊泳して到達したことをうかがわせるかのように、それぞれの精子が自身の頭部を奥の方に向けて並ぶように配列されていた。あの画像から考えると、貯蔵後の精子が層のように積み重ねで溜まっていくのではなく、中で混ざり合っているようにも見受けられる。そうなってくると、やはり順番は影響しないのかもしれない。いずれにせよ、いくら考えたところでどちらが正しいか分かるわけもなかった。

苦手の遺伝子解析

精子の数か、交接の順番か？　ヒメイカの受精成功に影響する要因を明確にするためには、最終的な受精の結果、つまり誰の子供が多く生まれたのかを知る必要がある。このために有効な手段が、DNAを使った孵化稚仔の父性解析だ。

生物の設計図であるDNAは四つの塩基で構成されるが、膨大なゲノムの中にはマイクロサテライト領域と呼ばれる塩基の単純な繰り返し配列が存在する。例えば、GTGTGT…といったGとT二塩基の繰り返しのようなものである。この構造には変異があり、個体によって繰り返しの回数が異なる。先ほどの例で言うと、A個体はGTが一〇回繰り返す一方、B個体は一二回繰り返す、といった感じである。この違いを判別できるいくつかの遺伝子座の結果を組み合わせることで、DNAによる個体識別を高精度で行うことができる。さらに、二重らせん構造であるDNAは、それぞれ父親と母親からもらったDNAが半分ずつ組み合わさってできているため、両親のDNAが分かれば、DNAを調べた子供の親がどの雄なのかをたどることが可能なのだ。

実はこのDNAによる父性解析の試み自体はすでに博士課程の段階で取り組んでいたことだった。ところが、実験がまったく上手くいかなかった。DNAによる父性解析を行うためには、コロナ禍で一般的にもその名前が知られるようになったPCR実験が不可欠である。PCRによって、狙いとするマイクロサテライト領域を含む遺伝子配列を爆発的に増幅させることで、個体の違いを可視化するのだ。そのためには、増幅のきっかけとなるプライマー、つまりマイクロサテライト領域の前後を挟む位置にある配列を見つけることが必要不可欠であった。サザンブロッティング法によって繰り返し配列を特定する当時のプライマー開発技術を駆使して、このプライマー探しに奔走したのだが、ついには一つのプライマーも開発することができずに断念したという苦い過去があった。

しかし、前職の振替休日期間にできた研究の繋がりが、この迷える子羊に手を差し伸べてくれた。めざましく発展する分子生物学の分野において、その当時は次世代シーケンサーという画期的技術が普及し始め、いくつかの動物で全ゲノムの解読までもが完了するようになっていた。そして、運がいいことに、吉田さんがヒメイカのゲノム解析に取り組み、すでに膨大なゲノムデータを手にしていたのである。当然ながら、その中にはいくつものマイクロサテライト配列が含まれていた。研究の話をしたところ、それらのプライマー候補となる配列のデータを気前よく提供してもらうことができた。博士課程ではあんなに苦労したプライマー探しが、こうしていとも簡単に解決してしまった。あとはこれらの候補のなかから、個体によるバリエーションが豊富で、PCRをしたときに安定して増幅するものを選ぶだけだ。この助け舟のおかげで幸いにも四つのプライマーを見つけることができた。これで準備は万端だ。あとは行動実験をバリバリこなすのみである。

新フィールド、大村湾

江戸時代のころより海外貿易との玄関口になっていた長崎。その港は大海原に向けて開かれているなんてイメージしかなかったが、実はこの地には巨大な湖のごとき内湾、大村湾が存在する。ここが私の新しいフィールドである。口コミを頼りにアマモ場を探して、なんとか見つけた採集場所は、研究室のある長崎大学から車で峠を越えて一時間ほどと、けっして交通の便が良いとは言えないところではあったが、春日井さんのフィールドである知多半島のような広大なアマモ場こそないものの、臼尻と違って干潮時にはアマモもそこそこ干出するので、なんとか胴長での採集も可能な場所のようだ。しかし、干潮時に採集可能なアマモ場の範囲が狭い反面、足のつかない深場までアマモ場が広がっていること。そして潮汐のリズムに関係なく、都合のいいタイミングに採集することができるということから、ここでも胴長での採集に加えて、慣れ親しんだ潜水採集を組み合わせることにした。

大村湾で調査を開始する上で、これまでの調査では省くことができた、とある作業をこなす必要があった。地元の漁協への挨拶である。大学の臨海実験所を採集拠点としていた臼尻では、とくにこの点を気にする必要がなかったし、知多半島では春日井さんが地元の漁協に話を通してくれていた。しかし当然ながら、水産大国である日本では、漁業資源を守るために海上保安庁や地元の漁師が密漁を防ごうと怪しい人の動きに気を張っている。そんななかで、潜水器材を担いだウェットスーツ姿の人間が自由に採集行為を行うなんてことが許されるわけがない。事前に必ず、地元の漁協に挨拶し、採集の許可をもらわなければいけないのである。幸い、対象とするヒメイカは漁業対象種に該当しないので、採集するための特別な許可を得る必要はなく、特に事前に連絡することなく、自由に採集してよいというお言葉をいただくことができた。しかし、漁師の自らの漁場を守るという意識は想像以上で、管轄している漁協に許可をもらえばよいというものでもなかった。潜水後に陸上で待ち構えていた漁師に、自分のところにも何を調査しているか知らせろと怒られたこともあった。そんなちょっとしたいざこざはあったものの、各方面への挨拶が済んだ後はスムーズに調査を行うことができた。

大村湾での潜水調査はこれまで潜った環境とは大きく様相が異なっていた。まずは魚類相である。これまで潜ってきた北海道や東北といった寒々しい海のそれとは違い、全体的に動きが機敏な魚が多いのだ。海底でほとんど動かないカジカやカレイ、メバルといった北国の魚と違い、ベラやハゼなど、ここにいる魚は動き回る頻度も高く、こちらの動きに敏感に反応して、すぐに逃げる。本州で潜っているダイバーにとっては珍しくもなんともないミノカサゴやタツノオトシゴ、ゴンズイといった魚も新鮮で、とても華のある魚のように思え、出会いにいたく感動した。春先にアマモ場に現れる野生のコウイカを初めて見たときは、思わず水中で声をあげるほど興奮したものだ。

次に違っていた点は透明度である。海とは繋がっているが、海水の流入口が狭い大村湾は海流の

低めの堤防から眺めた様子。
ここから2mほど下にある砂浜から潜水を行う。満潮時なので水位はかなり高い。

ような水の流れがほとんどなく、天然のプールのようなものだ。そのため、季節や時間にもよるが、全体的に臼尻に比べて濁りがきつかった。それこそ、日によっては三メートル先も見えないくらいのひどさである。そして、視界が悪いと、とたんに襲ってくるのが恐怖だ。周囲の状況が確認できないと、これまで感じたことのない不安が湧いてくるのだ。もしかしたら、濁りの中から巨大なサメが突然襲ってくるのではないだろうか。この大村湾には、そんなサメはまずいないということは頭では分かっているのだが、それでも一度でもそんなことを思い浮かべてしまうと、どこからともなく、不安で胸がざわざわする。こういうときは立ち止まっていったん落ち着くのが良いと思い立ち、海底に足をつけたとたん、巨大な影が水底から飛び出した。横幅一・五メートルはあるツバクロエイが砂地に潜り、隠れていたのである。口から心臓が飛び出るかと思うほど驚いた。やはり濁りの強い場所は危険である。

そんなトラブルにみまわれながらも、ヒメイカの採集自体は順調にこなすことができた。濁っていてもなんとかたどり着いた先のアマモ場で網を振れば問題なくヒメイカは獲れたし、干潮時に胴長を使って採集した時は一時間もしない間に、五〇個体を超える数が簡単に採集できた。知多半島ほどの多さではなかったが、水槽実験するには十分な個体数である。採集されたヒメイカを携帯型のブロアーでエアレーションしたバケツに入れて、車を走らせ、早速、研究室に運び込んで行動実験に取り掛かることにした。

精子の数をめぐる戦い

受精成功の秘密を探るためには、一個体の雄と雌を交接させるだけの従来のやり方を変えなくてはいけない。なぜなら、精子のやり取りを観察することはできているものの、雌に受け渡される精子の量が多かろうが少なかろうが、単一の雄由来には変わりないので、精子の量や交接の順番が受精に及ぼす効果を知ることにはつながらないからだ。そこで、昆虫をはじめ、交尾を行う動物で一般的に使用されている実験デザインを基にすることにした[4]。といってもそんなに難しい方法ではない。二個体の雄と一回ずつ、交互に交接させ、その後は雌を隔離して産卵するのを待ち、産んだ卵から得られた子供のＤＮＡを使って父性を解析するというものである。多くの研究では、二個体の雄のうち二番目に交接した方に焦点を絞り、生まれた子供全体の中で二番目の雄の子供の割合（これをＰ２値と呼ぶ）から精子のやり取りの結果について考察する。もし最後の雄に優先性があるのであれば、いずれの実験においてもＰ２値が高くなるはずだし、射精量が直接受精に影響するのであれば、Ｐ２値は半分を意味する〇・五になるか、それぞれの雄の交尾時間の比率を反映したものになる、といった具合だ（図４）。

そして、ここでヒメイカという生物が持つ特徴が生きてくる。普通、雄がどれだけの量の精子を射精したのかを調べた上で、その後の受精成功を明らかにすることはできない。射精量だけなら、コンドームのようなものを使って交尾後に精子の量を計測することができるが、実験はそこまでで終わり、最終的に受精にどれくらい影響を及ぼすか調べるところまでの実験を同時に行うことができ

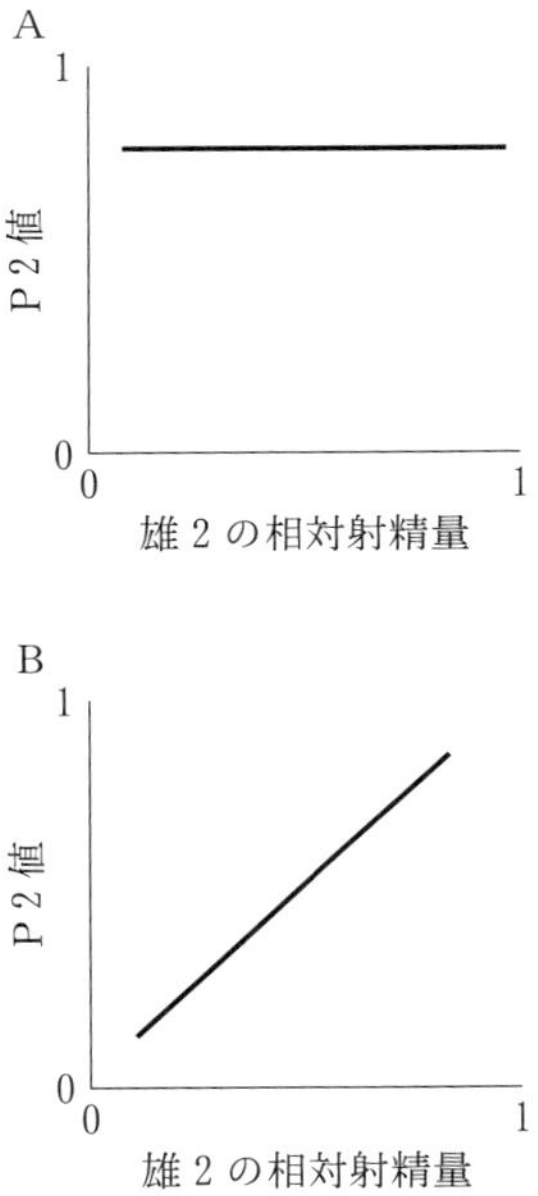

図4
射精量とP2値の関係性についての結果の見方

最後の雄に優先性がある合、射精量に関係なく2番目の雄が高い受成功を得る（A）。射精量が受精成功にそのまま反映される場合、受精成功は射量に伴い増加する（B）。

ないのだ。一方、ヒメイカの場合、受け渡した精子塊が雌の体の外に付着するため、その数をカウントすることにより、精子を途中で採集することなく射精量をある程度見積もることができる。メリットはそれだけでない。雄がどれくらいの量の精子を渡したかに加え、雌がどれくらいの量の精子を排除したのか、さらに、最終的に雌の体にどれくらいの精子が残っているのかまで把握することが可能なのである。博士課程のときは、ただただ雌が精子を排除していることに一喜一憂するだけだったが、学振の申請を通して悩むなか、この点がヒメイカを用いたＣＦＣ研究の大きな武器だと気づくことができた。

これまでに行われてきたＣＦＣ研究を振り返ると、同じような実験デザインのものは多々あったが、そのなかには、比較すべき二個体の雄をどちらも一回しか交尾させていないにもかかわらず、どちらか一方の雄に受精成功が偏ったという結果から、雌がＣＦＣにより特定の雄の受精成功を高めたと主張するものがいくつもあった。しかし、いずれの研究も、結局、雌が選ぶ過程を見ることはかなわず、もしかしたら単純にその雄の方がたくさん精子を射精したのかもしれないという疑念を晴らすことはできていなかった。これでは受精成功の偏りがほんとうにＣＦＣによる結果なのかまでは分からない。しかし、ヒメイカではほぼ完全に雄と雌による精子のやりとりを確認しながら、受精成功への影響を見ることができるわけだ。交尾後の性選択の研究を行うのに、こんなに理想的な生き物はなかなかいないだろう。

水槽実験開始！

そういうわけで採ってきたヒメイカで雄二個体、雌一個体の組み合わせを作り、次々に交接実験を行っていった。といっても一人で実験しているので、同時に実験を行えるのはせいぜい四組。四つの実験水槽を用意し、この水槽環境に馴れさせるためにヒメイカを導入して一時間放置した後、仕切りを外して雌と対面させる。毎度のことながら、仕切りを外した瞬間に交接する雄もいれば、一時間たっても交接が起こらないシャイな雄もいる。交接が起こらなければ、その雄は違う個体に変えて一からやり直しである。一個体目の雄ならまだしも、二個体目の雄でこれをやられると、もう一度一個体目から実験をやり直さなければならず、相当ストレスが溜まる。まったく雌に興味を示さないような雄なら最初から期待もしないが、雌に何度も近づいてはなかなか交接に至らない雄は、なまじ期待させる分、交接しなかったときの失望は大きい。あとから映像を見返すと、「さっさとやれ、バカ！」とか、「なんでそこで行かないんだよ、意気地なし！」なんて下品な罵声がはっきり記録されていた。ファーブルの昆虫記やシートンの動物記ではそんな描写を見たことはないが、おそらく彼らもこんな感じで観察していた……はずである。

また、交接に成功すると、すぐにヒメイカ回収用のスポイトで雄を吸い取って水槽から取りのぞかなければいけない。ぼやぼやしていると、雄によっては連続で雌に交接をしてしまう。もっとも、精莢数を数えているので、それでも問題ないのかもしれないが、交接回数の違いという余計な影響を入れ込みたくないので、やる気のある雄はできるだけ急いで取り除くようにした。その後は雌を三〇分観察し、ついばみ行動により、何本の精子塊が排除されたか、そして何本の精子塊が残されたかを記録することで、一個体目の雄による交接データが出そろう。翌日に二個体目の雄に、一個体目と同様の実験を行わせれば、これで行動データの記録は完了だ。あとは雌に産卵してもらうだけである。

イカの仲間は一般的に、産卵を終えると短い生涯を終える。しかし、産卵の仕方は種によって異なり、産卵期になると一度に一気に産卵してしまうものもいれば、その期間内に複数回産卵を繰り返すものもいる。[5] ヒメイカは極端な後者で、一度に生む卵の数は平均六〇個ほどと少ないが、これを数日おきに何度も繰り返す。産卵期は一か月ほどと長期に及ぶため、飼育実験の結果では最終的に二〇〇〇個にもおよぶ卵をアマモの葉に産み付けたツワモノもいる。[6] 産卵はかならず雌がアマモ等の基質に付着しているときに行われる。外套膜を収縮させ、まずは卵を包むゼリー物質を漏斗から出して腕の中に広げる。次に、卵を一個産み、その腕の中まで運び、ゼリー物質でくるんでいく。その様子はさながら餡子を餅で包み、団子を作るかの如くである。最後はゼリーで包まれた卵を基質に押し付けて、しっかりくっつける。ダンゴを並べるように次から次へと器用に隣に並べていくことで、一度の産卵で数十個の卵のまとまりができるため、一個体の雌によって産み付けられた卵塊かどうかは自然状態の海底でもある程度見分けることが可能である。

産卵が起こる時間はとくに決まってはおらず、夜遅く行うものもいれば、真っ昼間に始めるものもおり、観察をするとなるとそこまで簡単ではないが、産卵自体は水槽に入れておけばすぐに行ってくれる。この実験では、交接が終わった雌をアマモを模したプラスチック板数本を砂地に植え込んだ別の水槽に移し、産卵するまでここで飼育する。たいていの場合、五日もしないうちに雌がプラスチック板に産卵してくれるので、産み付けられた卵をプラスチック板ごとエアレーションをかけた別水槽に移し、卵塊内の胚が孵化する直前くらいの段階になるまで保育する。水温にもよるが、産卵から一〇日を過ぎる頃には発眼するまでに胚が発達する。このくらいまで胚が育つと細胞数が十分に増え、PCRをするために必要なDNA量も十分確保できる。胚をエタノールに浸漬させて固定したところで、ようやくDNA実験の最初の準備が完了である。

しかし残念ながら、これだけではまだ完璧なデータが揃ったとは言い難い。問題は精子量である。先ほど、精莢や精子塊の数を数えれば、射精量などを計れると言ってはいたが、少々乱暴な言い方であった。なぜなら、ヒメイカの雄が作る精莢内の精子量は皆が皆、同じ量とは限らないからだ。そもそも、同じ雄であっても、精莢の一本一本が同じ精子量なのかも分からない。この点についてはしっかり確認しておく必要がある。そこで、交接実験を行った後の雄を解剖し、精莢嚢に貯蔵されている精莢からランダムで一〇本を選んで顕微鏡写真をとり、精子袋の断面積を画像解析ソフトで計測した。本来ならば精莢内に溜まっている精子数を計るべきなのだろうが、硬いケースに包まれた精子塊内の精子を綺麗に解きほぐすことは思った以上に難しかった。しかたなくここは精子袋の断面積を精子量の指標とすることで妥協した。

精子量のデータを解析すると、個体間では精莢の大きさにばらつきがあり、大きい体サイズの雄ほど、大型の精莢を保有することが分かった。これでは単純に精莢数や精子塊数のカウントで精子量とすることは憚られる。しかし、個体内では精莢サイズにほとんどばらつきがなかった。これはつまり、同じ雄が渡す精莢はほとんど同じ量の精子が詰まっているということだ。ということであれば、何とかやりようはある。個体の精子袋面積の平均値を算出し、受け渡した精子塊の本数とかけることで射精量に補正をかけた射精指数とすれば、より高い精度で精子量と受精成功の関係性について解析することができそうだ。

精子の量で決まるんです

それでは、三六ペアの実験によって得られた解析結果を紹介していこう。P2値もそうだが、今回の実験の結果はすべて交接した二個体の雄の対比によるものであり、二番目の雄の形質が一番目のものに比べてどうだったのかというかたちで算出している。少々まどろっこしい説明になるかもしれないが、我慢してお付き合いいただきたい。

まずは射精量の傾向からみていこう。注目する二番目の雄の体サイズが一番目の雄に比べて大きくなるほど、二番目の雄の射精量の割合も増加した。この傾向は交接時間も同様であった。つまり、ヒメイカでは大きい雄ほど、もしくは長い時間交接する雄ほど、たくさんの精子を雌に受け渡すことができるということである。

お次は雌による精子排除量の結果だ。ここでは体サイズに関しては以前の博士課程の研究結果と同様、やはり一番目の雄より二番目の雄の体サイズが大きくなるほど、二番目の雄の精子はより多く排除されるという結果になった。一方の交接時間については、以前の結果とは異なり、二番目の雄が短い時間で交接を済ませるほど、雌はより多くの精子塊を排除していた。つまり、今回の実験では、排除による影響は体サイズと交接時間では異なる方向に作用し、体サイズに関しては大型雄の有利さを打ち消すように、交接時間に関しては長時間交接による有利さをサポートするような結果となった。

これらの結果を踏まえ、最後に雌の体に残された残存精子量はどうなったかを見ていこう。体サイズに関しては、いくら排除の影響があっても、射精量との関係性を逆転するほどの影響はなかった。つまり、射精量で遅れをとった小さい雄のほうがより多く精子を残すようなことにはなっていなかった。しかし、それでもたくさんの精子を受け渡すことができる大型雄の有利さをある程度打ち消すことには成功していたようだ。これはどんな体サイズの雄の精子塊も雌はバランスよく確保しようとしているということを意味しているのかもしれない。一方、交接時間に関しては、より長い時間交接できた雄の精子をキープするよう、射精量での結果がきっちり強調されるということになった。よくよく考えたら、交接時間は雄の能力だけでなく、雌が受け入れている結果でもあるわけで、雌の好みを反映すれば当然の結果と言えるのかもしれないが、交接時間についての結果は前回の実験結果とは大きく異なるので、なんとも言えないところだ。

合、死に至ることもあるこの病気だが、発症した場合は専門の医療器具がある病院ですぐに治療する必要がある。当然、そんな病院は身近に都合よくあるわけはないので、この病気にならないために、窒素が自然と排出されるような安全な潜水を普段から心掛けることになる。そういうわけで、早くボンベを交換したくてもゆっくり時間をかけて浮上しなくてはいけないし、次の潜水までの時間もたっぷりとって窒素をしっかり排出しておかないと、体に蓄積した分の窒素が減圧症を引き起こす。当然、水深が深くなるほど窒素の管理が難しくなるため、浮上時間や陸上での休憩時間は長くなり、観察時間はより短くなってしまうのだ。

こういう制限のおかげで、水中での動物観察は非常に効率が悪い。おまけに窒素の蓄積はダイビングの内容や、どのような水深帯にどれくらいの時間滞在したのかによって大きく変わるため、これを細かく計算するためのダイビングコンピューター、通称ダイコンが手放せないのだが、これがなかなかに高額である。様々な潜水器材の準備も踏まえて考えると水中の調査は極めて費用対効果が悪い調査と言えるだろう。だが、それだけに潜水調査に手を出す研究者の数は限られている。まだまだ多くの発見が期待できる調査手法とも言える。

Column 3

タイムリミットが厳しい潜水調査

哺乳類の研究者の本には、調査では一日中、時には夜を徹して動物の追跡を行うなんてことが書かれている。そんなものを見てしまうと大変そうでとても真似できないと呆れるばかりだが、その反面、とてもうらやましい気持ちもある。

陸上で生活する我々は当然ながら水中生活に適した体ではないため、長時間水の中に留まることはできない。そこで、潜水器材の力を借りて調査を行うのだが、その活動時間は様々な要因によって大きく制限される。まずは空気ボンベの容量だ。これが空になっては息ができない。酸素消費量は代謝量と関係するため、水温が高く、体を動かさずに観察できる場合などは長めに潜ることも可能だが、それでもせいぜい2、3時間が関の山だ。水温が低い場所や、移動を常に強いられる状況であれば、頑張っても1時間くらいしか活動できない。

ならばボンベを交換しながら何度も潜ればいいのではと思われるかもしれないが、ここでもう一つの障害である「減圧症」という壁が立ちはだかる。圧力がかかる水中環境では、ボンベから吸い込んだ空気に含まれる窒素が普段の陸上生活よりも余計に体の組織や血液に溶け込んでいく。急浮上すると急激な圧力低下によって溶け込んでいた窒素が気泡となって現れ、組織を圧迫することで様々な障害を引き起こすのだ。最悪の場

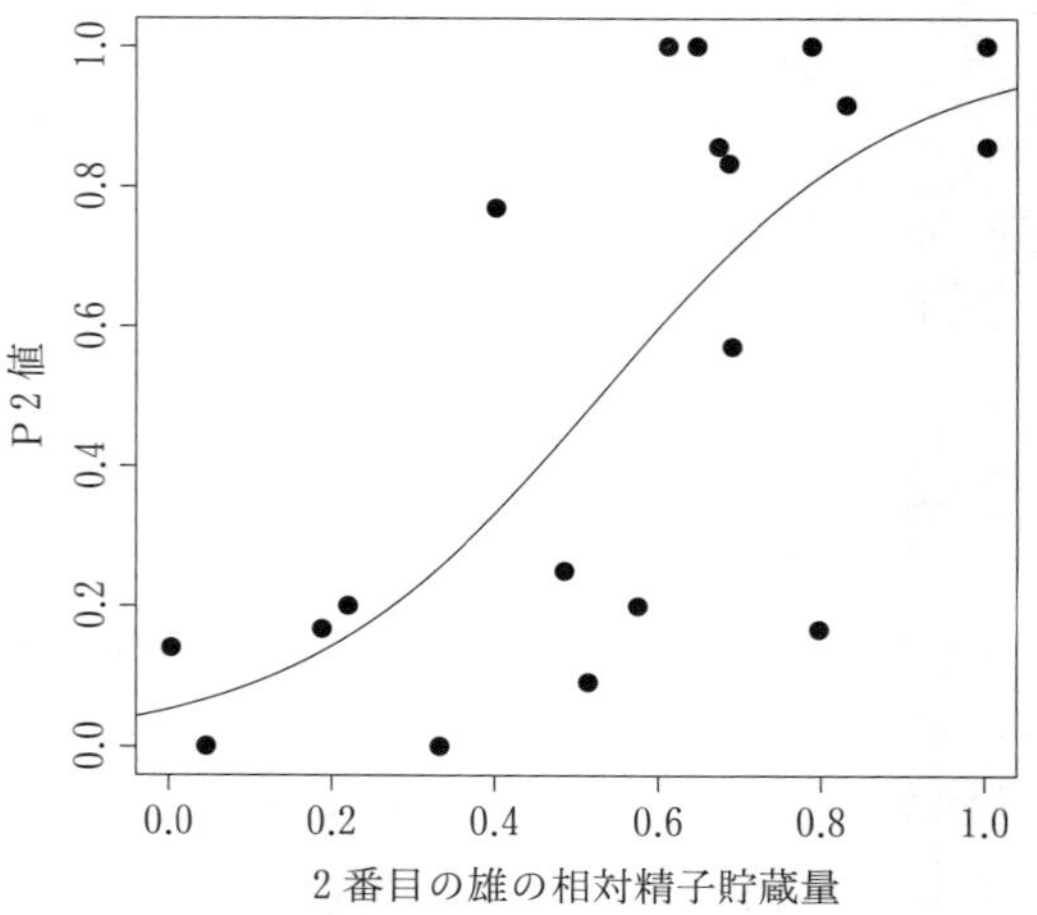

図5　P2値と残存精子の割合

　それでは肝心の受精成功はどうだろう。いくら雌が精子を排除していても、残存精子量と父性割合に何の関係性も見いだせなければ意味がない。卵塊から得られた孵化稚仔のＤＮＡを抽出し、一番目の雄、二番目の雄との父性関係を紐解いていく。エクセル上にまとめられた父性関係のデータを基に、Ｐ２値を算出し、二番目の雄の残存精子割合との関係性をまとめてみると、両者の間には明確な正の相関関係が存在することが明らかとなった（図５）。二番目の雄の残存精子が少ないと、受精成功はほとんど見込めないということから、最後の雄の優先性が影響することはほとんどないと考えてよいだろう。やはりヒメイカの受精成功を決定する要因は単純に残存精子量、もっと言えば、そこから貯精嚢に移送された精子の貯蔵量によって決定されているようだ。[7]

　こうして、雌のついばみによる精子の排除は貯精嚢へ移送される精子の数に影響を与え、最終的に受精成功にまで影響を与えうる行動であることが確認できた。これはつまり、雌がついばみ行動によって父性を操作することが可能であることを示す証拠にほかならない。博士課程から取り組んできたヒメイカのCFCに関する一連の研究も、この実験でようやくゆるがない結果、満足できる結果を得るところまでこぎつけることができたのだった。

3 自然環境でのヒメイカの繁殖生態

高まる野外調査熱

雌のついばみ行動による父性操作の確固たる証拠を得ることができたのは大変喜ばしい話ではあったが、その一方で、この結果が自然環境下でも発揮されているのか、ヒメイカ本来の繁殖生態にとってどのような意味を持つのかという疑問が立ちはだかっていた。というのも、これまで繰り返し行ってきた水槽実験は、そのすべてにおいて、雄が一度だけ雌と交接するという、こちらの実験上の都合を優先した条件のもとで行った結果でしかない。野外でもこんな単純な状況で交接が起こっているとは限らないのである。CFCの価値を正しく定めるためにも野外調査は必要不可欠なのだ——。なんて、もっともらしく野外調査を行う理由を述べてみたが、一番の動機は、学位審査の時にくらった、「自分のストーリーに当てはめただけではないか」という指摘を吹き飛ばしたかったからだ。

ただ、理由はそれだけにとどまらない。博士課程で行動研究を開始したが、その間、ずっと野外調査をしておらず、これで本当に動物の行動生態学の研究者といえるのかといううしろめたさがどことなくあったのだ。これを払しょくしたいという思いも強かった。なんといっても、これまで採集のほとんどを春日井さんに頼っていたのである。

せっかく自由にアクセス可能なフィールドが身近にあるのなら、野外調査をしないという選択肢はない。幸いにも室内での繁殖行動実験の成果を自然環境での実態と結びつけるにはちょうどいい研究テーマを思いついていた。野外で産み落とされた自然卵塊の父性解析である。自然環境下ではどれくらいの雄と交接を行っているのか、それぞれの雄がどのように受精成功をシェアしあっているのかを明らかにした上で、水槽実験の結果と比較すれば、ついばみ行動による交尾後の配偶者選択が実際にどれくらい有効なのかを理解することができるのではないかと考えたのである。

ただ、ヒメイカの生活史を考えると、とにかく卵塊をとってくればいいという簡単な話では済まない。まずもって大型世代と小型世代という、寿命も体の大きさも全く異なる生活史タイプが存在する。当然、これら二つの世代間で精子や卵といった配偶子の生産能力が大きく異なるだろうし、競争能力だって違いがあるだろう。ひいては、この違いが繁殖戦術に影響を及ぼす可能性だってある。さらに、このイカの繁殖期間は数週間から数か月にわたるため、この長い期間中に雄は数多くの雌と交接を行うだろうし、雌も何回も産卵を繰り返す。雄との関わりが多いとしても、繁殖期の前半と後半では関わる雄の数は違うだろうし、雌にとっても配偶者選択に対する基準は違ったものになることがあってもおかしくはない。

このような複雑な状況の中、ヒメイカの繁殖生態の全貌を把握することに少しでも近づこうと、まずはごくごく基本的な手法で迫ることにした。それは毎月雌雄を採集し、形態をつぶさに計測して、その季節変化から考察していくというやり方である。採集した個体を解剖し、精巣や卵巣といった繁殖器官の重量を調べ、成熟雄が貯蔵する精莢の本数から、保有する精莢の長さを測っていった。繁殖器官の重さを測ったのは、体重との相対値に換算した生殖腺重量指数（一般的には英語のGonado Somatic Indexを略したGSIで表す）を計算するためである。この指標はいわばどれだけその器官にエネルギーを投資しているかを示すもので、雌の卵巣や雄の精巣の相対重量指数を表す際はGSIを使うが、イカは複雑な繁殖器官をもつので、精莢をストックする精莢嚢の相対重量指数をSCSI (Spermatophoric Complex Somatic Index)、そして精巣と精莢嚢をあわせたすべての雄の生殖器官の相対重量をTGSI（Total GSI）とここで表すことにする。当然、成熟個体は未成熟個体よりこれらの値が高くなるので、場合によっては成熟状態を示す指標となるのだが、こと雄に関して言えばもっと面白いことを調べるためにこの値が使えるのだ。それは、その種がどれほど激しい精子競争にさらされているかということである。

一般的に精子競争が激しい動物では、雄のGSI値が高くなると言われている。[8]分かりやすい例が霊長類の雄の睾丸サイズだろう。ゴリラとチンパンジーはどちらも雄が複数の雌と交尾を行うことが知られているが、GSIが大きいのは体が小さくても乱婚の配偶システムのチンパンジーである。ゴリラの雄も複数の雌と交尾を行うが、一夫多妻型のハーレムを形成するため集団内にライバル雄が存在せず、ハーレムを独占する雄は他のライバル雄と受精成功をめぐる精子競争が起こらないので、大量の精子を生産するために精巣にエネルギーを割く必要はないというわけだ。ヒメイカでも、この指標を使って他のイカ種と比較すれば、このイカがどれだけ精子の生産にエネルギーを割き、激しい精子競争に晒されている種なのかを推察することができそうだ。

繁殖期間中の変化

先の水槽実験に使用した個体を採集した大村湾。ここで二年間、毎月一度のペースでヒメイカの採集を行いその出現パターンを調べてみることにした。すると、ヒメイカは春先から大村湾の調査地に出現し、順調に採集することができていたのだが、夏真っ盛りの八月から急に姿を見せなくなった。この時期の大村湾の水温はヒメイカが獲れる岸寄りでは三〇度を優に超えており、アマモも夏枯れで急激にその量が減少する。ヒメイカも深場に退避したのかもしれない。しかし、季節が秋になり水温が低下しても浅場に戻ってくることはなく、次に調査場所に現れたのは二月になってからとなった。そこから夏までは、再び浅場でヒメイカの姿が見られるようになった。

体サイズの変化はというと、二月に浅場に出現し始めた時期から季節と共に体がどんどん大きくなっていった。六月下旬になると、急激に体サイズ組成が変化し、小型のヒメイカが獲れるようになったことから、この時期が小型世代への代替わりのタイミングなのだろう。野外でヒメイカの卵塊が見つかりだすのが三月下旬で、そこから七月中旬までコンスタントに卵塊が採集できた。このことを踏まえると、三月から六月上旬までが大型世代の繁殖期、七月中が小型世代の繁殖期にあたると予想される。秋口に浅場で採集できない理由はよく分からないが、繁殖期に関しては大村湾の個体群も名古屋のそれと同じような生活史であると考えられる。

それでは、卵巣や精巣などの繁殖に関わる器官にはどのような季節変化が生じたのだろうか。GSIの変化はというと、雌に関しては三月から増加の一途をたどり、七月上旬にピークとなった。一方の雄はなかなか複雑な結果であった。生殖腺全体の重量指数に大きな変化は見られなかったが、精巣と精莢嚢ごとに分けると大きな季節変化が見られた。精巣重量指数を示す雄のGSIの値は繁殖期の前半、つまり大型世代でいえば三月、小型世代で言えば七月上旬ほど高く、その後は徐々に減少していった。一方、精莢を貯蔵する精莢嚢への投資量は繁殖期後半、それぞれ六月上旬、もしくは七月下旬にいくほど大きくなった。雄のGSIと精莢嚢重量指数、これら両者の季節変化が逆の傾向を示したことが意味するものは、ヒメイカの雄は最初の方こそ精子を作る精巣にエネルギーを投資するが、徐々に生産した精子をストックする精莢の確保にエネルギー投資をシフトさせたということなのではないだろうか。

GSIの季節変化の結果を踏まえると、繁殖期の後半ほど、雌はより多くの卵を産んでいると考えられる。事実、野外で産み付けられた卵塊を採集し、その卵の数を数えたところ、繁殖期後期になるほどその数は増えていった。そのため、繁殖期の後半ほど、雌は雄にとってより魅力的であり、交接する価値が上がっていることが予測される。一方の雄も、繁殖期の後半ほど多くの精莢をストックしており、雌により多くの精莢を受け渡せる用意ができているとみることができる。

世代間の戦略

大村湾におけるヒメイカの繁殖期を理解することができただけでなく、その長い繁殖期間中に、どうやら雌も雄も、自身の繁殖へのエネルギー投資の量や質が変化していそうだということが分かった。次に気になったのは世代間でも繁殖へのエネルギー投資のパターンに違いがあるのかということである。そこで、世代ごとに分けて、体サイズと繁殖形質との関係性を調べることにした。

まずは雌の結果から見ていこう。卵巣へのエネルギー投資量を示すＧＳＩは体サイズと共に増加していったが、大型世代に比べ、小型世代の方が全体的にＧＳＩは高かったため、小型世代の雌の方が卵の生産に多大な労力を注いでいることが分かる。一方の雄はというと、体重に対する生殖腺全体の重さを示すＴＧＳＩは大型世代の方が重く、生殖腺へのエネルギー投資の傾向は雌とは逆の結果となった。しかし、ここでもやはり精巣への投資量を示すＧＳＩと体重当たりの精莢囊の重量を示すＳＣＳＩでは傾向が異なり、ＧＳＩは大型世代の方が高くなったが、ＳＣＳＩは大型世代の方が低くなった。

そうなってくると、貯蔵している精莢自体に違いはあるのかということが次に気になってくる。早速調べてみると、保有する精莢の本数には世代間で違いはなく、大きい雄ほどたくさんの精莢を保有しているということで一致していた。ところが、精莢の大きさには世代間で違いがあり、大型世代の方が小型世代よりもはるかに大きい精莢を保有していたのだった。

これらの結果を踏まえて各世代の繁殖に対する戦略の違いを次のようにまとめてみた。大型世代の雄は精子の生産に力を注ぎ、精莢一本当たりになるべく多くの精子を詰め込む戦略をとっているのだろう。一方の小型世代の雄はというと、精莢内に込める精子数を増やすよりも、とにかくなるべく精莢をたくさん用意することに力を注いでいるのではないか。雌に関しては体を大きくしてより多くの卵を長い期間生み続けるという戦略をどちらの世代もとっているのだろう。一方でこうも考えられる。ヒメイカには戦略的な駆け引きをする余裕もなく、できるだけエネルギーを卵生産に割き、必要最低限の卵の確保に努めた結果、GSIはどちらの世代も同様に高くなった。

このように、同じ場所で採集されたヒメイカではあるが、世代によって、そして同じ世代でも時期によって、雄と雌の繁殖における価値が大きく変わりうるということがよく分かった。それでは、このことを踏まえて、実際の繁殖状況の映し鏡となる野外で採集された卵塊の父性解析の結果を見ていこう。

明らかになった本来の繁殖生態

室内実験に続き、ここでもＤＮＡの力を借りて父性解析を行うのだが、ここでネックになってくるのが研究資金である。DNA実験はお金がかかるのだ。たとえ大学の研究室にDNA実験を行うための専門の施設があったとしても、PCR実験やDNAの配列を読み込むシーケンスを行うためには多種多様な薬品類を使う必要があるが、これらの値段は総じて非常に高い。そうなると、自然と実験可能なサンプル数にも制限がかかってくる。もちろん、実験に費やす労力もサンプル数と共に増加するので、こちらも十分に考慮する必要がある。何が言いたいのかというと、採集月ごとにたくさんの卵塊の父性を調べたいのはやまやまだが、お金も手間もたいへんかかるので、サンプルは厳選する必要があるということだ。そこで、今回は長い繁殖期のなかから、三つの時期（大型世代の前半・後半、小型世代）に野外から採集したそれぞれ一〇個の卵塊の父性解析を行うことにした。

繁殖形質に対するエネルギー投資量は時期によって異なることはすでに説明した通りだが、卵塊の卵数自体もそれと同様で時期により違いがあり、小型世代は平均一六個と最も少なく、次いで大型世代の繁殖期前半（平均二三個）、最も多かったのが大型世代の繁殖期後半（平均三四個）となった。では肝心の卵塊に関わる父性の数はというと、やはり先ほどの卵数における順位と同様になり、小型世代が平均九個体、大型世代前半が一一個体、後半が一三個体であった。それでは父性のパターンはどうだろう。特定の個体が卵塊中のほとんどの父性を獲得するということはなく、最も父性を獲得した雄の平均父性割合は二七パーセントほどで留まった。圧倒的に父性を獲得している特定の雄がいないということから、様々な雄がまんべんなく父性を獲得していたとみることができるだろう。最大父性に関して言えば、小型世代や大型世代前半に比べ、大型世代後半に採集された卵塊のほうが最大父性を獲得した雄の父性割合が高い傾向にあった。

それでは、この父性の結果をもとに、自然環境下におけるヒメイカの繁殖生態を紐解いていこう。まずは大型世代における繁殖期の移り変わりから考えてみる。繁殖期前半より後半の方が受精に関与する雄の数が増えていった。この雄の数の多さについては、単純に産卵数も関係しているのかもしれない。しかし、主要な雄が子供を残す割合も繁殖期後半の方が増えていたことに加え、雌雄の繁殖形質への投資具合の結果も踏まえると、繁殖期後半ほど雌をめぐる雄間の競争が激しくなり、雌により多くの精子を渡した雄がより多くの卵を受精させることができたのかもしれない。それと同時に、雌の方でも持ち前のCFCの能力を発揮し、特定雄への受精成功を偏らせていた可能性も考えられる。

世代間で見ると、小型世代は卵塊中の卵数が少なかったせいか、大型世代と比べて卵塊から見つかる父性の数も少なくなった。しかし、父性の数自体は少なかったものの、父性のパターン自体はそれほどの違いは見られず、繁殖戦略が大型と小型でまったく異なるということは無さそうだ。小型世代の雄は精莢嚢重量指数SCSIが高かったため、精莢の保有により力を入れており、その理由としては特定の雌にたくさん精子を渡して優先的に受精を獲得するということも考えられたのだが、特定の雄に偏らず、複数の雄がまんべんなく受精成功をシェアするような父性パターンからして、とにかく短い繁殖期間内で少しでも多くの雌と繁殖するためというのが理由としては妥当なのかもしれない。

しかし、野外卵塊から明らかになった結果で一番の驚きは、ヒメイカの雌がかなり多くの雄と交接を行っていたということである。これまでの頭足類における野外卵塊の父性解析をした研究では、多いものでも四、五個体ほどの雄が関与しているものばかりで、一〇個体を超える雄が受精に関わっているようなケースは見たことがなかった。驚くべきことに、この小さいイカがこれまでで知られている頭足類研究の中で、最も乱婚の程度が強いというのである。にわかには信じがたいこの結果だったが、精子競争の強度を反映すると言われている雄のＧＳＩもまた、ヒメイカでは他の頭足類に比べて飛びぬけて高い値を示していることが、ある意味この結果を支持しているとも言えるだろう[9]。

一連の実験結果を見て、雌への求愛も雄への闘争行動も見せない、何の面白みもないシンプルな交接行動をヒメイカが行うことに合点がいった。このイカが他の雄と競い合う土俵はあくまで精子競争なのだろう。どれだけ多くの精子を雌に受け渡すことができるかという、まるでマネーゲームのようなこの戦いにおいて、交接前の駆け引きはそれほど重要ではないのかもしれない。

こうして野外の結果を実際に手にして、改めて水槽実験の結果について考えてみると、特定の雄の精子を操作する雌のＣＦＣの影響なんてなんだか微々たるもののようにも思えた。それでも雌の価値が高まる大型世代の後半の父性の結果は、ＣＦＣによって生じた偏りなのではと期待することもできそうだ。しかし、もう一つの可能性も同時に思い浮かんでいた。雌はＣＦＣによって特定の雄の精子を残すのではなく、雄の精子を偏りなく保持しようとしているのではないだろうか。つまり、特定の雄から精子を多く渡された場合、それをなるべく少なくさせて均等化を図り、子供の遺伝的多様性を高めようとしているという考えである。これだけたくさんの雄がまんべんなく父性を獲得している状況を見ると、あながち馬鹿にできない考えのように思えた。

しかし、この実験を終えてから長い時間が経つものの、残念ながらいまだにこのアイデアは検証できていない。メスの好みにまつわる謎はベールに覆われたままだ。

4 恋路を邪魔する捕食者の存在

ついばみ行動はなぜ進化した?

卵塊の父性解析や生殖腺への投資量の季節変化を調べていったことで、おぼろげながらでもヒメイカが自然環境下で実際にどのような繁殖生態を持っているのか、その実態を掴むことができた。これでようやく、博士課程のころから背負ってきた重荷を下すことができた。しかし、ここにきて思うのは、そもそもどうしてCFCがヒメイカで進化したのか、何故ヒメイカは交接の前に雄選びをしないのだろうかということである。これまで、ヒメイカの奇抜なついばみ行動に目を付け、CF

Cの検証を目指して繁殖生態の研究を行ってきたのだが、一連の研究が一段落した今、最も根源的な謎に向き合ってみることにした。

多くの動物の雌は目の前の相手を繁殖相手として受け入れるかどうか選ぶのだが、その際に、実はいろいろと面倒なことが起こる。[10] 例えば、雌との交尾を求める雄が周囲に数多く存在する環境では、それらの雄からひっきりなしに求愛されるかもしれない。そのような状況では、次から次へと求められる求愛行動につきあうだけでも雌に多大な労力がかかってしまう。相手を見極めるのはもちろんのこと、交尾を断るのも一苦労だ。

捕食の危険性も無視できない事情である。天敵がうようよいるような場所ではどの相手と交尾しようかしら、なんて悠長に選んでいる余裕はない。時間をかけて雄選びをしていると捕食者に見つかり、食べられてしまうリスクだってあるし、雄を拒否するための行動が捕食者の注意を引き付けることだってありうるのだ。こうした状況では、いちいち雄の求愛に対応して配偶者選択をするよりも、ひとまずこれを受け入れ、雄がいなくなった隙を見計らって雌だけでひっそりと精子を選別する方が合理的な雄選びのやり方なのかもしれない。

ヒメイカではどうだろう。彼らの生態を考えた時に、最も影響がありそうな要因として一番の候補に挙げられるのはやはり捕食リスクだろう。魚でいうところの鱗のような防御形質を持たず、多くの魚にとって一口サイズのヒメイカは、捕食者に見つかればイチコロである。おまけにスルメイカのように群れたりもせず、単独で生きている。ヒメイカは捕食に極めて弱い生き物と言っても過言ではない。強い捕食リスクに晒されながらも、なんとか雌が配偶者選択を行うためにCFCが進化した。なかなか魅力的な仮説だと思うのだが、これを検証するためにはいったいどのような実験を行えばいいのだろうか。

アナハゼ天国、隠岐の島

捕食リスクが高い環境になるほど、ヒメイカが交尾後の配偶者選択に力を注ぐようになっている——。そんな証拠を見つけることができれば私の考えた仮説はある程度支持されるのではないだろうか。例えば、捕食リスクが高い環境で育った雄ほど射精量が多かったり、雌がCFCに時間をかけていたり、そんな結果が得られたら、CFC進化の証拠を得たとは言えなくとも、少なくともCFCが捕食リスクに影響されるという可能性は示すことができそうだ。しかし、同じ場所で育ったヒメイカをいくら異なる捕食リスクで実験しても、場当たり的に行動を変えたという解釈もできるので、証拠としてはちょっと弱い。そこで、異なる捕食リスクに晒されている場所で育ったヒメイカを用いて実験結果を比較することにした。これだと、捕食リスクが高い場所のヒメイカ集団は、世代を超えて捕食リスクへの対応能力を身につけている可能性が高く、捕食リスクが低い場所に比べてより顕著な結果を得ることができるかもしれない。

潜って採集をしている様子から、なんとなく大村湾は捕食リスクが低いように思えた。アマモ場で出会う魚の数はそんなに多くないし、そのほとんどが小型のハゼの仲間である。口も小さくヒメイカを襲うようには到底思えない。となると大村湾よりも明らかに捕食リスクが高い環境を用意する必要がある。真っ先に思いつくのはこれまでの調査地だが、知多半島では実験環境を整えるのが難しそうだし、臼尻はそもそもヒメイカがいない。他にどこかいい場所はないだろうか。候補地選びに奔走していたそんなある日、ひょんなことからうってつけの場所が見つかった。それが島根県の隠岐の島である。きっかけは前職で深く交流することになった広橋さんが島根大の隠岐臨海実験所に赴任したことだった。歴史的にも後鳥羽上皇、後醍醐天皇が島流しされたことで有名な隠岐の島。本島から離れた国境の島に行く機会なんてそうそうない。そこで、電車を乗り継ぎ、フェリーに乗り換え、遊びがてらその島を訪ねたというわけだ。久々に会った広橋さんは髭も髪も伸ばしっぱなしで、島流しを体現しているかのような風貌だったが、心身ともにとても元気そうで安心した。ただでさえ人が少ない離島ということで島の中心部の賑わいも寂しいかぎりだったが、広橋さんの車で連れて行ってもらった実験所は周囲を山に囲まれ、島の人すらほとんどその存在を知られていない隔絶された場所にあった。しかし、目の前には海が広がっており、プライベートビーチとはこういうものかと思わせる立地は、研究にとっては最高の環境と言える。さっそく持参した潜水器材を身にまとい、実験所の前浜で偵察ダイビングをしてみるとそこにはしっかりアマモ場が広がっていた。干潮になっても先端が頭を出さないほどの深さにアマモは生えていたが、ヒメイカもちゃんとそこに生息しているではないか。濁りの強い大村湾とは対照的に、隠岐の島の海は透明度抜群である。そして、目についたのは、非常に攻撃的な魚食性魚類であるアナハゼやアサヒアナハゼの密

食べた獲物が口から飛び出ている。

度がとても高かったことだ。

ハゼと名がつくものの実際はハゼ科ではなく、カジカの仲間であるアサヒアナハゼやアナハゼはとても獰猛な性格で、水槽で同じサイズの魚と一緒にしていても積極的に食らいつくし、野外でも食べた餌で腹がパンパンに膨れた個体をよく見る。時には口から他の魚の尾びれが飛び出しているものや、身の丈に合わぬサイズの魚が口に引っ掛かったせいで窒息死した間抜けな奴も見たことがあるくらいである。隠岐の島はヒメイカにとって捕食リスクがとても高い場所と言えそうだ。そして都合のいいことに、海から上がればすぐに臨海実験所の実験室にヒメイカを運び込めるので行動実験を行うのも簡単だ。大村湾の個体群と比較するにはこれ以上の場所はないだろう。

捕食リスクの調べ方

捕食リスクが違うと言っても、今のままでは私の思い込みの域を出ていない。まずは二つの環境がヒメイカにとってどれくらい脅威となるのかを示す必要がある。これはなかなか難しい要求のように思えたが、そこで参考になったのはグッピーの研究だった。観賞魚というイメージが強いグッピーだが、行動生態学の素晴らしいモデル生物でもある。カリブ海に浮かぶトリニダートトバコには野生のグッピーが生息しており、ここを舞台に数々の研究が行われてきた[11]。この場所が素晴らしいのは、河川がところどころ滝によって分断されており、その隔離された場所ごとに存在する捕食者の種類や数が異なるため、同じ河川でありながら流域ごとに異なる捕食リスクに晒されて育った天然のグッピー集団を扱うことができる点である。ここで行われた研究の一つに、グッピーを透明な水槽に入れて河川に沈め、それらを食べようと水槽に接近してきた魚の種類とその数を計測するというやり方が書かれていた。捕食リスクが繁殖や摂餌など、他の行動に影響を及ぼすことを示した研究は数多くあれども、舞台を水中とするとかなり限定される。そんな状況の中でこの方法はとてもいいお手本に思えた。さっそくグッピーの方法を真似てヒメイカでも試してみることにした。

透明な蓋つきのプラケースを用意し、その上下を細いロープで固定する。片方の先に錘を、もう片方には浮きを付けると装置の完成である。作ってみて思うのは、まるでサメを水中で観察するシャークケージのようではないか。なんてことはない、あれのヒメイカバージョンというわけだ。そう思うとなんだかうまくいきそうな予感がしてきた。さっそく現地で捕まえたヒメイカをケースに入れて、装置とその様子を観察するための水中カメラを設置してみたのだが、回収カメラに記録されていたのは散々たる結果だった。潮の流れでロープは絡まるわ、ヒメイカはケースの蓋にくっついて、外から姿が見えないわで、まったく機能していない。前からうすうす感じていたことだが、どうやら私には道具作りのセンスというものが毛ほどもないようだ。

それでも、普通であれば実験道具の改良に着手し、なんとかこの問題を解決しようとやっていくのだが、学振の制度で残された期間内に二つの場所で実験を行うためには、残念ながら道具作りの試行錯誤にあまり時間をかけられない。そこで、違うやり方で捕食リスクを見積もることにした。その場所の魚類相調査を行い、捕食者となりうる魚種やその数を計測することで捕食リスクの指標とするのである。実際にヒメイカが襲われるかどうかを直接調べる最初の試みとは違い、状況証拠的な結果しか得られないが、この際仕方がない。魚の知識も、魚類相調査自体のやり方も知らないので、ここぞとばかりに受け入れ研究室のボスである竹垣さんを頼り、水底に引いたライン上を泳ぎ、そのラインの左右五〇センチメートルにいた魚を種類ごとにカウントするラインセンサスという方法を行った。

その結果、大村湾はやはり魚の数が少なく、確認された種類もヒメイカの捕食者とはなりえない、甲殻類食のサビハゼという小型のハゼがほとんどだった。一方の隠岐の島では、アイナメ、クロソイ、アナハゼ等の頭足類食の記録もある魚類が多数存在していた。魚類相調査の結果から、やはり隠岐の島の方が捕食リスクが高い場所だと考えてよさそうである。

捕食者に隠れて？

捕食リスクの違いが確認できたところで、ようやく肝心の行動観察である。採集場所に違いがあろうが、採集されたヒメイカを交接をさせるという実験手法自体はこれまで幾度となく行ってきたものと変わりはない。新しいポイントとしては、雄雌がいる区域の隣に捕食者が存在するエリアが設置されているというところである。つまり、両者が交接しようと思っても、その視線の先には天敵であるアナハゼがいるという状況を作り出してみたわけだ。アナハゼがいない場合と、いる場合で交接行動を比較すれば、捕食リスクの影響は火を見るより明らかなはずだ。もっとも、アナハゼの存在自体を本当にヒメイカが脅威に思っているのか。最初はそれが半信半疑だったが、アナハゼがいる場合、ヒメイカの墨吐きを行う回数が、いない場合に比べて非常に高かったため、どうやら脅威としてちゃんと機能しているようだ。

さて、実験の手法自体はこれまでの行動実験と同じなので、さっそく結果をお伝えしていこう。まずは交接時間に関してだが、捕食リスクが高い隠岐の方が大村湾より長かった。しかし、どちらの個体群も捕食者であるアナハゼの存在した時の方が交接時間は短くなった（表2）。それに従い、雌に受け渡した精莢数、いわゆる射精量も隠岐の方が多くなっていた。ただ一つ違うのは、隠岐個体群の射精量は捕食者がいても変わりがなかったということである。表を見てもあまり大きな違いが

表2　大村個体群と隠岐個体群の交接実験結果

	大村個体群		隠岐個体群	
	捕食者なし	捕食者あり	捕食者なし	捕食者あり
実験数	27	25	15	12
交接時間（秒）	8.02±6.7	6.70±3.8	12.37±10.3	11.77±8.7
受け渡された精莢数	4.64±4.0	4.85±4.0	7.86±6.0	7.83±4.8
ついばみ時間（秒）	620.0±285.6	530.35±542.6	1012.0±382.0	946.50±557.0
排除された精子塊数	2.96±2.9	1.8±2.4	5.50±4.2	3.83±3.3
残存精子塊数	1.44±2.2	2.95±2.8	2.07±2.3	3.83±3.0

無いように思えるかもしれないが、統計学上は有意な差がみとめられた。注目している雌だけでなく、雄だって捕食者がいる環境では行動が変わるだろうと思っていたのだが、当初の予想ではリスクが高いほど交接に力を注いでいるとふんでいたので、まったく逆の結果となった。やはりあまり目立たぬようにことを手早く終わらせるようになったのだろうか。そんななか、大村湾だけで捕食者がいる時に交接時間が減少したのは、普段、敵の存在に慣れていないので、いざ捕食者を目の前にすると、恐怖で委縮したせいかもしれない。そうしてみると、隠岐のヒメイカは堂々たるものである。排除のためのついばみ時間も、それによる精子塊の脱落数、いわゆる精子排除量も、交接時間や射精量の結果と同様、隠岐の方が大村湾より多くなっていた。そのため、最終的に雌の体に残された精子量は、個体群間で見るとそれほど大きな差はみられなかった。捕食者の存在に対しては、捕食リスクの低い大村湾のヒメイカが、捕食者の存在を恐れて上手く排除できなかったためか、より多くの精子塊が残ってしまうという結果になった。[12]

ではこの実験結果は私の仮説通りとなったのだろうか。捕食リスクの高い隠岐個体群ほど、雌はついばみによる精子排除を入念に行っていたので、この点で言えば予想通りと言っていいだろう。捕食リスクに対抗するために、交接後により厳しく雄の査定をしていたと解釈することもできる。しかし同時に、隠岐個体群は雄も射精に力を注いでいた。この結果が理解を複雑にさせる。もしかしたら、雌が交接後に精子排除をがんばった理由は、捕食リスクのせいではなく、雄が余計に射精してきたので、それに対処しただけと考えることもできるのだ。一方、面白い結果となったのは、捕食者の存在に対する各個体群の行動の違いだろう。隠岐個体群では、捕食者が存在してもそれほど雌の排除行動に影響はなかったことは、捕食リスクに対する適応の賜物と言っていいのかもしれない。

こうして、ついばみ行動によるCFCの進化の過程に迫る初めての挑戦が終わった。やって分かったことは、その検証までの道のりははてしなくきびしいということである。もちろん面白い結果を得られたという実感はあるのだが、状況証拠の積み重ねではっきりとしたことはなにも言えないというのが正直な感想だ。やはり、何年にもわたって個体群の変化を追っていったり、あるいは注目する行動に関係する遺伝子を弄ったりといった手法を取らない限り、「進化」の証拠を掴むのは難しいのかもしれない。

4章

イカ墨の不思議

1 墨を使って餌を捕る？

ポスドクのジレンマ

今振り返ると長崎でのポスドク生活、つまり学振の特別研究員として竹垣研で過ごした期間は最も研究に没頭していた時間であり、自分の研究活動も勢いに乗っていた時期であった。大学院で研究していたときは、対象生物に対する知識はもちろんのこと、行動観察のやり方、実験の組み方、データのとり方のいずれについても知識や経験が不足しており、最適な方法がどういうものかをイメージすることなく、とにかく闇雲に実験をこなすばかりだった。しかし、研究結果をまとめ、論文を何本か書いて発表してきたおかげか、ようやく実験を始める前にどのようなデータを取るべきかということを強く意識するようになった。何をすればいいのかが明確になると、日々のデータ収集の意味もはっきりしてくるし、以前のように一つや二つの失敗でうろたえることもなくなった。三年という時間制限も、怠惰な性格の私に適度な危機感を感じさせるという意味では効果的に働き、この貴重な時間を精一杯研究に費やしてやろうと奮闘することができた。

それと同時に、将来どうして生きていくかということが常に頭の片隅にはあり、時間の経過とともに徐々にそれを強く意識せざるをえなくなるという宿命を背負う期間でもあった。一番の希望は、このまま研究をつづけながら収入を得ることができる職業に就くことである。つまりは大学の教員、あるいは国の研究所の研究員である。そのためには積極的に就職活動をする必要があった。しかし、就職するということは好きな研究テーマに好きなだけ時間を費やすことができるポスドク生活の終焉を意味している。大学の教員となると、研究・教育だけでなく大学の広報や学内の委員会など様々な業務に従事する必要がある。これまでと同じだけ、やりたい研究に時間を費やすことはできない。もちろん、求人の公募の数も少なく、そこに応募しても必ずしも採用されるわけではないという根本的な問題もあるのだが、それ以上に当時の私の頭を悩ませたのは、不安定なポスドク生活に見切りをつけて、いつ安定した研究職へ就活を行うか、そのタイミングであった。予測の極めて難しいアカデミアの就職戦線において、ギリギリまで自分のやりたい研究テーマを追い求めたい。このわがままを成立させるための拠り所が研究者の評価において一番のウエイトを占める出版した論文の質と本数だった。

そういうわけで、この時期はどうしたら論文にできるかばかり考えていたように思う。真正面から生き物の謎に迫るような純粋な動物研究者からしたら、さぞかし不純な動機に思われるかもしれない。しかし、ある程度の質が維持された論文が揃っていれば、それなりの年齢になっても、研究職の募集の候補からは外れないだろう。そう信じて、できるだけ論文を書くように努めた。不純だろうが何だろうが、論文にこだわらないわけにはいかなかった。

やってみようか共同研究

ところで、この時期の長崎大学には、ポスドクや任期付きの研究員といった不安定な立場の若手研究者が多数所属していた。自分の研究に没頭しており、先の見えない将来に不安を抱きつつも、まぁどうにかなるさとそれを見ないふりしている、そんな同じ境遇の仲間たちと交わす酒は楽しく、自然と話も盛り上がる。トップジャーナルに論文を載せた若手や、職を得た研究者の悪口をガソリンに、次は俺の番だと気勢を上げるのだ。思えば楽しい飲み会だった。

そんな血気盛んな若手研究者の中でも、最も馬が合ったのが同じく竹垣研の学振特別研究員で甲殻類の行動研究をしていた竹下文雄さんだった。私に劣らず性格がよろしくない竹下さんとは、成功している若手研究者への妬み嫉みの話でいつも盛り上がった（というか、思い出すと我々二人くらいしかそういう悪口は言っていなかった気もする）。もちろん、それだけでなく、同じ行動生態学の研究者同士、最近読んだ面白い論文の話や、研究のアイデア、統計解析の疑問を気軽に投げかけることができ、それらに対して議論できる貴重な友人だ。私よりも年下だが、こと研究に対してはとても情熱的で、知識も深い竹下さんからはたくさんのことを教えられた。

そんな竹下さんと共同研究を行うことになった。どちらから話を持ちかけたのか、今となっては覚えていないが、同じ境遇の独立した研究者同士、なにかやってみようということである。せっかくなら新しいことがいい。そこで、最近気になっていたとあるヒメイカの行動を研究テーマにしてみることにした。これまで扱ってきた繁殖ではなく、捕食行動に関するものである。思い起こすと、かつて大学院進学を志したきっかけは捕食行動だった。最初の研究の動機であり、その後断念する事となった研究テーマに、一二年の時を超えて取り組むことになるとは、人生は分からないものである。

墨吐き行動の特殊性

ことの発端は前職の時、ちょうどマグロ漁船から下りた振替休日中のあの実験の頃までさかのぼる。藤原さんのオフィスでヒメイカの交接行動をスーパースロー撮影しようと悪戦苦闘していたころ、目的とは全く関係ない、とある行動が目に留まった。ちょうど飼育しているヒメイカに餌をあげようと、活餌であるホソモエビを水槽内に入れて様子を見ていたときである。いつものようにヒメイカが餌のエビに近づき、狙いを定めたのだが、なんとこの後、エビに向かって不意に墨を吐き出し、それから餌に襲いかかったのである。

この行動を見て声をあげたのは私ではなく、藤原さんだった。「なんだこれ!? 今、餌を襲う前に墨を吐いたぞ!」と興奮する藤原さん。一方の私はというと、そんな藤原さんの様子を見て、なにをそんなに驚くことがあるのか不思議に思っていた。というのも、すでにこれまでの飼育経験の中で何度かこの行動を見たことがあり、久々に墨を吐いて襲う様子を見たな、くらいにしか感じていなかったのだ。だが、藤原さんの様子を見て、改めてこの行動の意味を考えるうちに、私も徐々にこの行動が持つ意味の面白さに気づきだした。防御のために使われる墨、これをどうして攻撃の前に吐き出すのだろうか。

様々な特徴を持つイカやタコだが、その中でも代表的なものが墨吐き行動だろう。テレビ番組などでも釣り上げたイカが釣り人に向かって勢いよく墨を吐き出すシーンを一度くらいは目にしているかもしれない。自然界でも当然、自らの身に危険が迫った時に墨を吐き出すことが知られており、この行動が防御のために使われるということは常識とされてきた。そういう前提を踏まえて考えると、このエビを食べる前に見せた墨吐き行動の異常性が際立ってくるのである。もしかしたら、防御用に使われる墨を二次的に利用し、必殺の飛び道具として攻撃に使っているのかもしれない。

そういうわけで、この不思議な行動をいつか研究しようと大切なネタとして温めていたのである。大量の個体を扱える充実した飼育環境に加え、同じ目線で行動研究ができる強力なパートナーがいる今こそ、この秘蔵のネタを扱う絶好のチャンスなのかもしれない。そう思って竹下さんにこの内容を伝え、先輩であるという強権を発動させ、なかば強引にこの研究テーマをねじ込むことに成功した。

三種のエビをどう襲う

この不思議な捕食行動の謎に迫るため、まず最初にとりくむべきことはどのような頻度で、そしてどのような餌に対してヒメイカがこれを行うかを事細かに観察することだ。そのために行った実験は非常にシンプルである。ヒメイカを一個体水槽に入れて馴致した後、餌となる甲殻類を入れて、捕食行動を観察する。一日朝晩二回の餌やりを合計五日、あるいは一〇日連続で同じヒメイカの個体に対して実験を行った。与えた餌は三種類、中層を常に泳ぎ回るイサザアミと、アマモの葉にくっついて隠れ、危険が迫ると瞬発的に泳いで逃げるホソモエビ、そしてホソモエビ同様瞬発的な逃避を行う、底生性のスジエビモドキである。生態も違うが、体の大きさも違い、イサザアミが最も小型で全長は約一・五センチメートル、ホソモエビが中型で約二・三センチメートル、スジエビモドキが一番大きく約二・八センチメートルで、実験のほとんどでスジエビモドキの方がヒメイカの全長を若干上回るくらいのサイズ比となっていた。

まずは一般的なヒメイカの捕食行動について紹介しよう。イカ類はこれまで数々の捕食に関する実験が行われており、基本的な捕食行動の手順は解明されている[1]。獲物をターゲットとしてロックオンすると、鰭を素早く動かし、背後に回りこむ。体全体を絞るように細長く形をかえ、触腕を徐々に伸ばしながら相手との距離を詰めていく。そして、ある間合いに達すると、漏斗から水を勢いよく噴き出して急激に飛びつき、触腕で捕食相手を挟み込むのだ。その後は残り八本の腕で獲物を包み込むようにして捕捉して、食べ始める。ヒメイカの捕食行動もほぼこのルールに従っている。違いがあるのは、以前説明したように、伸びる口をいかした摂餌方法である。この実験で改めてじっくりその様子を観察すると、驚いたことに捕獲された獲物はたちまちおとなしくなり、透明だった身の色もあっという間に白濁していった。おそらく口を伸ばして甲殻類の殻の隙間にねじ込み、神

表3　餌の違いと捕食難易度

	実験数	平均全長	生息場所	攻撃成功率
 イサザアミ	40	15.5mm	中層	82.4%
 ホソモエビ	120	23.2mm	底層（藻場）	67.1%
 スジエビモドキ	162	28.8mm	底層（砂礫）	33.7%

経を嘴で両断したのだろう。こうなってしまえば暴れられて傷つくこともない。ゆっくりと食事の時間を楽しむことができる。

餌ごとの捕獲難易度には三種間で大きな違いが見られた（表3）。イサザアミはヒメイカにとって最もイージーな獲物で、ヒメイカの捕獲成功率は八二・四パーセントと非常に高かった。次がホソモエビで六七・一パーセント、最も捕まえるのに失敗していた獲物がスジエビモドキで三三・七パーセントとなった。彼らの逃避行動に対応して、ヒメイカの狙いのつけ方は種ごとに違っており、ゆっくりと遊泳するイサザアミに対しては追跡しながら狙いを定めていたが、狙ってから襲うまでの時間はそれほど長くなかったのに対し、瞬発的な逃避行動を行う残りの二種については、狙いを定めてから攻撃を行うまでにある程度時間をかけていた。さらにスジエビモドキの場合、体が太く筋肉量が多いためか、抵抗する力も強く、一度ヒメイカに捕まえられた後で振りほどいた、なんてケースも少なくなかったように思う。スジエビモドキの激しい暴れっぷりに、八本の腕でがっちりホールドしているヒメイカが、水槽の底にたたきつけられることもしばしばあった。

再現が難しい墨吐き攻撃

重要なのはここからである。肝心の墨を使った捕食行動の発動率はどのくらいのものだったのか。残念ながら、期待したほど多くの例数を観察することは叶わず、墨攻撃は一七例に留まり、攻撃行動全体の一割にも満たなかった。これでは、この攻撃がどういう状況で繰り出されるのか、そしてどのような効果があるのかを統計的に示すことはできず、ヒメイカにとっての必殺の攻撃であるといった魅力的な仮説の検証に繋げるには至らない。それればかりか、人によっては獲物に興奮して間違って墨を吐いただけというようにイレギュラーな行動だと片付けられることだってある。基本的な発動条件を絞ることができなかったという残念な結果には肩を落としたが、それでも、記録された行動自体は非常に興味深いものだった。

墨吐き攻撃の一七例中、八例で見られたのが、相手との距離を測った後で、自分と相手の間合いの中間地点に墨を吐き出し、その墨越しに襲い掛かるというものだった。一方、対峙する相手のいない方向に墨を吐き出したあとで、獲物の後ろ側に回りこんで襲い掛かるような行動が残りの九例で見られた。前者は、煙幕の中から襲い掛かるような印象、後者の場合は、獲物が墨に気をひかれ

ホソモエビに対して間合いを取り、自らと相手との中間地点に墨を噴射した(00:13)。墨をかいくぐるようにエビに掴みかかり、捕獲に成功した(00:16)。
〈動画URL〉https://youtu.be/knOa52YEpHw

ている間に襲い掛かっているような印象を与えるものだった。これら墨吐き攻撃の捕獲成功率が通常の攻撃よりも高かったり、失敗の後にこの攻撃を使うようになったり、そのような結果が得られることを期待していたのだが、この観察数でははっきりした傾向を知ることも望めないのが口惜しい。

それでも一例だけだが、かなり特殊な墨吐き攻撃のやり方を記録することができたことは大きな収穫だった。その特殊なケースでは、ヒメイカは餌に狙いを定めた後から、従来とはまったく異なる行動を見せたのだった。距離を縮めるように接近するいつもの様子とは異なり、その個体はいきなり水面近くまで上昇し、獲物とまずは距離を取ったのである。それから、距離を縮めるように、徐々に水底にいる獲物に接近していくが、その道すがら墨を一つ、また一つと一定間隔で水中に設置するように次々に吐き出していく。不思議なことに、獲物はそんなイカの接近を許してしまい、最終的にはまんまとイカに飛びつかれ、捕獲されてしまったのであった。この様子を見てしまうと、やはりこれは戦略的に墨を捕食のために使用したのだと思えてならないのである。

手にした証拠は少ないが、それらをかき集めて、なんとかこの墨吐き攻撃について考えてみる。統計的な証拠は得られなかったといったが、実は一つだけ非常に明白な発動条件を絞ることができた。興味深いことに、この墨を使った捕食攻撃はイサザアミには使われることがなく、すべて瞬発的に逃避し、捕獲難易度がそれなりに高い二種類の甲殻類に対してのみ発揮されたのである。この事実と、記録された行動の様子から考えられることは、やはり攻撃の前に吐き出した墨の役割は餌生物を混乱させるためであり、これによって餌生物の認知機能を鈍らせ、逃避の判断を遅くさせる効果があるのかもしれない。そう考えると、ヒメイカは、逃げる能力が高い餌生物や、すでに警戒態勢に入った個体といった、捕獲難易度が高い相手に対して、この墨吐き攻撃を行っているのではないか、そんな妄想にふけってしまう。

幻のタイトル

残念ながら墨吐き攻撃のすべてを明らかにするような決定的な証拠を掴むことはできなかったが、任期のある我々ポスドク研究者としては、これ以上この研究に力を注ぐ時間が残されていなかった。となれば、せめてここまで分かったことを報告するしかない。すでに我々がこのネタに唾をつけていることをアピールできるし、今後の研究が叶わなかったとしても、次に研究する人の参考にはなるだろう。こうして、手にしたデータをなんとかまとめ、ポスドク同士の共同研究という我々の試みは、最終的に論文という形までもってくることができた[2]。

指導教官の影響が一切ない、自分たちの力で一から作り上げた研究テーマで論文というゴールに繋げることができたというこの経験はそれなりに自信になったし、なにより楽しかった。最近、ひょんなことから当時の映像ファイルを見返すことがあった。映像自体はなんてことはない、イカが餌を襲う様子が淡々と記録されているだけだったが、なにやらがやがやと騒がしいしゃべり声が聞こえる。どうやら、実験中に竹下さんと交わした雑談がそのまま記録されていたようだ。耳を傾けると、なかなか餌に食いつかないイカの様子を観察しながら、どうして墨を攻撃に使うのか、ああでもない、こうでもないと後ろで延々と議論を続けている。正直、観察対象への影響という観点から考えると、あまり褒められた姿勢ではないが、当時の共同実験が充実していたんだなと、しばし思い出にふけってしまった。

そういえば、この観察中いろいろなことを議論していたが、その中で最もくだらなく、かつ白熱したのが論文のタイトルを決めるための話し合いだったかもしれない。うまくデータがとれた暁には、かなり上位の学術誌にもチャレンジできるネタになる。そうなると、この特殊な行動にもそれなりに格調高い名前を付けるべきではないだろうか。「宝くじが当たったら何に使う?」と同じレベルのバカ話ではあるが、こういう内容は意外に盛り上がるものである。私がこの攻撃方法の名前として自信満々に提案したのが、「ファントムストライク」である。相手に墨で幻を見せて攻撃タイミングをずらす。イメージではフェイントのような効果があると期待していたので、まさに幻想の攻撃を体現するすばらしいネーミングだと思っていたのだが、それを聞いた竹下さんには「超だせぇ」という言葉と共に、すぐさま却下された。彼が言うには、海外受けするように「ニンジャアタック」とかの方がいいとのことである。この話し合いの結果には未だに納得いっていない。いつかこのネタに再度挑戦し、墨吐き攻撃の意味を明かすことができたなら、再びタイトルを考えることとなるかもしれない。そのときに使われるのは、ファントムストライクか、ニンジャアタックか。

ちなみに、ポスドク二人で行う共同研究の良さは、どちらも別々の角度で解析できるというところにある。せっかく行った捕食行動の実験結果をむざむざ、墨を吐くかどうかで終わらせるにはもったいない。ヒメイカ自体の体サイズ、性別に、あてがわれた餌自体の大きさと捕食の成否といった、より詳細な捕食行動のデータは統計解析の能力が高い竹下さんの手にかかり、もう一本の論文に化けた。どのような対戦のときに攻撃が起こるのか、そして成功するのかを調べることで、性別によって攻撃性が異なり、雄よりも雌の方が、捕食成功率が低い相手であっても、積極的に攻撃を行うことが分かったのだ。これは卵の生産などエネルギー要求量の高い雌の方が失敗を恐れず、自らの捕食能力を過大評価していることを示しており、性別間で認知能力に違いがあるという面白い結果である。[3] 研究のねらいも斬新で、解析手法も鮮やかだったのか、私がメインで書いた墨吐き攻撃論文よりも受けが良く、他の論文からの引用数も多い。どちらの論文も二人の成果には違いないが、同じ素材にもかかわらず、（しかも元の素材を提供したのは私だったにもかかわらず）「シェフの腕の差」が如実に出ているようでなんだか悔しい。

2 墨による防御方法

さようならヒメイカ研究

就活するかどうかの我慢比べに勝ったと言えるのか、それとも負けたのか、判断は人それぞれで分かれるところだが、とにかく長崎では学振特別研究員の任期ギリギリ、二年一一か月のポスドク生活を存分に楽しむことができた。こんな綱渡りを可能にさせた理由の一つが、たいへん幸運なことだが、ここでのポスドク生活二年目の終わりに同じく学振が募集している海外特別研究員という制度に補欠採用されたことが大きかった。またも補欠という、なんともぱっとしない結果ではあるが、採用には違いない。とにかく次のポスドクの当てがあるということで、職探しの不安に苛まれることなく、ギリギリまでヒメイカ研究を満喫することができたのである。

さて、この新しいポスドク生活を始めるにあたり、私はヒメイカ研究との決別をすることにした。海外に拠点を移すということは日本に分布するヒメイカとの別れを意味するが、海外にも別の種類のヒメイカの仲間はおり、ヒメイカ道をまい進することは可能だった。しかし、新しい研究のパートナーとして私が選んだのは、カリブ海に生息するアメリカアオリイカだった。このイカの社会性の研究を野外でやってみよう。そう決断した背景には、そこそこ論文数が揃い始めたことに加え、難関と言われている学振の特別研究員に続き、海外学振制度にも採用されたことが関係している。ある程度自分の研究能力に自信が持てるようになり、むくむくと研究者としての野心が膨れ始めたというわけだ。今後、研究者として大成するには、新たなことにチャレンジするべきだという考えが頭に浮かび、離れなくなった。イカやタコという生物の特徴を最大限発揮した研究を考えた時に、体色変化を使ったコミュニケーションや社会性の研究は狙いどころだ。よりインパクトの高い研究を行うことで、頭足類学の研究者から、進化学や行動生態学の最前線で活躍する研究者になる最大のチャンスをつかむために、ヒメイカ研究とはお別れの時だ。必ずビッグになって帰ってくる。そう誓い、日本をあとにした。

やっぱりヒメイカしかない

それから二年の月日が経ち、私がたどり着いたのは隠岐の島だった。その顔は自信に裏付けられた余裕に満ちている……はずだったのだが、残念ながらそこにあったのはすっかりやられてまいっている負け犬のごとき表情だった。

残念ながら、私の目論見はあっけなく破綻し、理想とする留学経験を積むことはできなかった。つてを頼りになんとなくに決めた留学先は研究分野がそれほど合っていなかったし、あまり研究をがつがつやるようなラボではなかったため、日々の同僚との研究談義なんてものが存在せず、共同研究への発展も起こらなかった。加えて、私の英会話能力は壊滅的で、周囲に日本人がいない英語漬けの環境にもかかわらず、上達具合はカメの歩みのごときスピードである。そしてなにより、頼みの研究自体があまり上手くいかなかった。

勢いのままアメリカアオリイカの社会性という新たな研究に着手してみたものの、野外で見た彼らの群れには思い描いているような社会関係がまったくといっていいほど見られなかったのだ。狙った研究成果は得られそうになく、研究者コミュニティーが広がっていく可能性も感じられない。バラ色になるはずだった海外留学は、期待した形になる気配すらなかった。今まで様々な失敗を重ね、そのたびに自分の能力の低さを嘆いたことは多々あったが、今回の挫折では、年齢的なこともあってか、なんとなく自分の研究能力の底を見てしまったような感覚が強かった。これにはもちろんショックを受けたが、それと同時に今まで考えたこともなかった今後の研究人生というものが頭に浮かんできた。

年齢も三五になり、応募できる研究職のポストも限られてくる。若さを武器にがむしゃらに研究する時期は終わりを迎える。そろそろ大学教員のような安定ポストに就かなければならないが、それを考えた時に、定年という研究人生のリミットをはじめて意識することとなった。それまでは、い い学術誌に論文が載るような研究をしたいとか、研究で認められたいという思いが大きな原動力となっていたが、不思議なもので研究の終わりを意識すると、残された時間で何をどこまで明らかにしようか、そもそも何について研究をしていきたいのかといったことばかり考えるようになった。すると、結局、私がやりたいことはイカやタコという風変わりな動物の独自の進化の道筋を明らかにすることであり、それなりにまとまった結果が得られそうな対象は、やはり慣れ親しんだヒメイカ以外、ありえなかった。

そんな研究プランを思い描くのは勝手だが、職を得ないことには絵に描いた餅で終わってしまう。何はともあれ、次の職を探さなくてはいけない。思ったよりも海外特別研究員の二年の任期は短く、最後の一年は必死に公募書類を書きまくっていたが、海外にいたせいか、それとも私の書類内容が悪いのか、まったく書類審査に通らなかった。最後の最後でようやく引っ掛かったのが、かつて捕食リスク下での交接行動の実験をした島根大学隠岐の島臨海実験所での特任教員の話だった。実験所のスタッフには広橋さんに加え、ＤＮＡ実験でお世話になった吉田さんも教員として名を連ねており、否が応でも採用の期待が高まる。

実験をしていた当初は、ここで暮らす広橋さんには悪いが、たとえここの研究職の公募が出たとしても応募することはないだろうと思っていた。レジャーとして短期で遊びに来るにはとてもいいところだが、本島から遠く離れた離島という立地条件がそうさせるのか、はたまた島流しの歴史のせいかは分からないが、ここでずっと暮らすことを考えると、そこはかとない孤独感というか、大事なものを切り離された感覚をどうしても抱いてしまうのだ。

しかし、「もうすぐ無職！」という警告ランプが激しく点滅する、危機的状況に陥ると、人の意識は容易に変わるもので、藁をもすがる気持ちでこの募集に飛びついた。ありがたいことに、採用の連絡はすぐに届き、どうにか研究経歴をつなぐことができた。といっても一年更新で、常勤への繰り上げなしという不安定な条件に変わりはなかったが、なによりも当面の生活費には困らず、引き続き研究ができるのはありがたい。そんな私が研究対象として真っ先に手に取ったのは、もちろんヒメイカだった。

本来の墨の使い方

これまでポスドク研究員としてアカデミアを渡り歩いてきたが、任期があるとはいえ、はじめて教員として職を得ることとなった。私もついに学生を受け持ち、卒業研究のテーマを与える立場となったのである。これまでの経験をもとに自分で好き勝手に研究するのとはわけが違う。学生にあった研究テーマは何かを考えたときに、勝手知ったるヒメイカの存在はありがたかった。すでに説明した通り、ヒメイカはここ隠岐の島でも気軽に採集することができるし、実験だって簡単だ。問題はどんなことを研究するかだが、ここで思い出したのは竹下さんと共同研究したときに扱った、墨吐き行動についてだった。墨を攻撃に使うという面白ネタに飛びついた、その場限りの研究テーマであったが、そもそも墨をどのように防御に使うのか、その本来の機能については実はよく分かっていなかったのである。

墨の防御効果について紹介する前に、まずは一般的な動物の防御方法について簡単に解説しよう。動物は捕食者に対して、二パターンの防御戦略で対抗すると言われている[4]。一つは敵に見つかる前に行う防御手段で、これを一次防御というが、体の模様を周囲の環境に紛らわせる、いわゆるカモフラージュと呼ばれている行動や、物陰に隠れる、動きを止めてじっと待つといった行動により、捕食者からの発見を避けるためのものがこれにあたる。一方、敵に見つかり、攻撃がまさに開始されるというタイミングで発揮される防御手段は二次防御と呼ばれる。最もシンプルなものは「逃げる」だが、その他にもトカゲのしっぽ切り、毒吐きや威嚇など、攻撃をかわしたり、中断させたりする行動がこれにあたる。

頭足類の防御に関して言うと、素早い体色変化能力を活かしたカモフラージュが一次防御、墨が二次防御にあたる。[5] このうち、一次防御に使われる体色変化は注目度が高く、これを扱った研究は非常に多いが、二次防御で使われる墨に関しては、その成分に関する研究は数あれど、防御の機能に注目したものは驚くほど少ない。瞬時に周囲の環境に溶け込むカモフラージュ能力自体が多くの研究者の興味を引き付けるのは当然だが、行動自体のおもしろさだけでなく、色素胞や神経など、体色変化の制御に関した生理学的な実験を行いやすいというのも大きな理由なのだろう。かたや、墨の方は、実験を行う際に、これを吐いて自由に逃げるための広いスペースを確保する必要があり、自然と水槽設備は大きくなる。そしてなにより、吐き出した墨で水が汚れることも厄介である。そんな理由が本当に影響しているのかは分からないが、ほとんど誰も墨のもつ防御効果の研究に手を出していなかったのである。

二次防御の手段としても、墨は他の動物のやり方とは一線を画すように思えた。攻撃をけん制するために何かを吐き出す動物は数多くあれど、よく知られている例は、ドクハキコブラの毒であったり、スカンクの嫌な臭いであったり、忌避される物質を放出するのがほとんどである。しかし、イカやタコの墨は、我々がイカ墨パスタとして食材にしていることが示す通り、嫌がられる要素があまり感じられない。それでは、どのような効果があるのだろうか。これまでの研究によって考えられているのは主に二つ。一つは水中で煙幕のように広がり、捕食者の眼をくらます効果。そしてもう一つは、塊のようにまとまる墨がイカの分身として見えることで、おとりとして相手を引き付ける効果である。前者は主に拡散性の墨を吐くタコが使う墨の効果であり、後者は凝集性の墨を吐くイカの防御戦術と考えられているのだが、一言にイカとタコといっても様々な種類がいるので、すべてにこれが当てはまるとは限らないし、そもそも本当にそんな機能はあるのだろうか？

アナハゼvsヒメイカ

墨の機能に迫る研究を託したのは、記念すべき私の初めての指導学生となった引地勇斗君だ。隠岐の島のアマモ場でよく見られるクサフグとアナハゼ、この遊泳パターンの違う二種類の魚をヒメイカと対峙させ、どのように墨を吐いて逃げるのかを観察してもらった。追跡型のクサフグと待ち伏せ型のアナハゼでは、墨の使い方に違いが出るのではないかと期待しての研究テーマである。水槽を二分するように仕切りを設置して、それぞれのエリアにヒメイカと捕食者となる魚を導入し、十分に水槽環境に馴れさせた後で仕切りを外してその反応を見る。よくよく考えると、実験のデザイン自体はこれまで長年とりくんできたＣＦＣの実験とほぼ一緒だが、ヒメイカと対面させる相手を

水槽内での墨を使った逃避

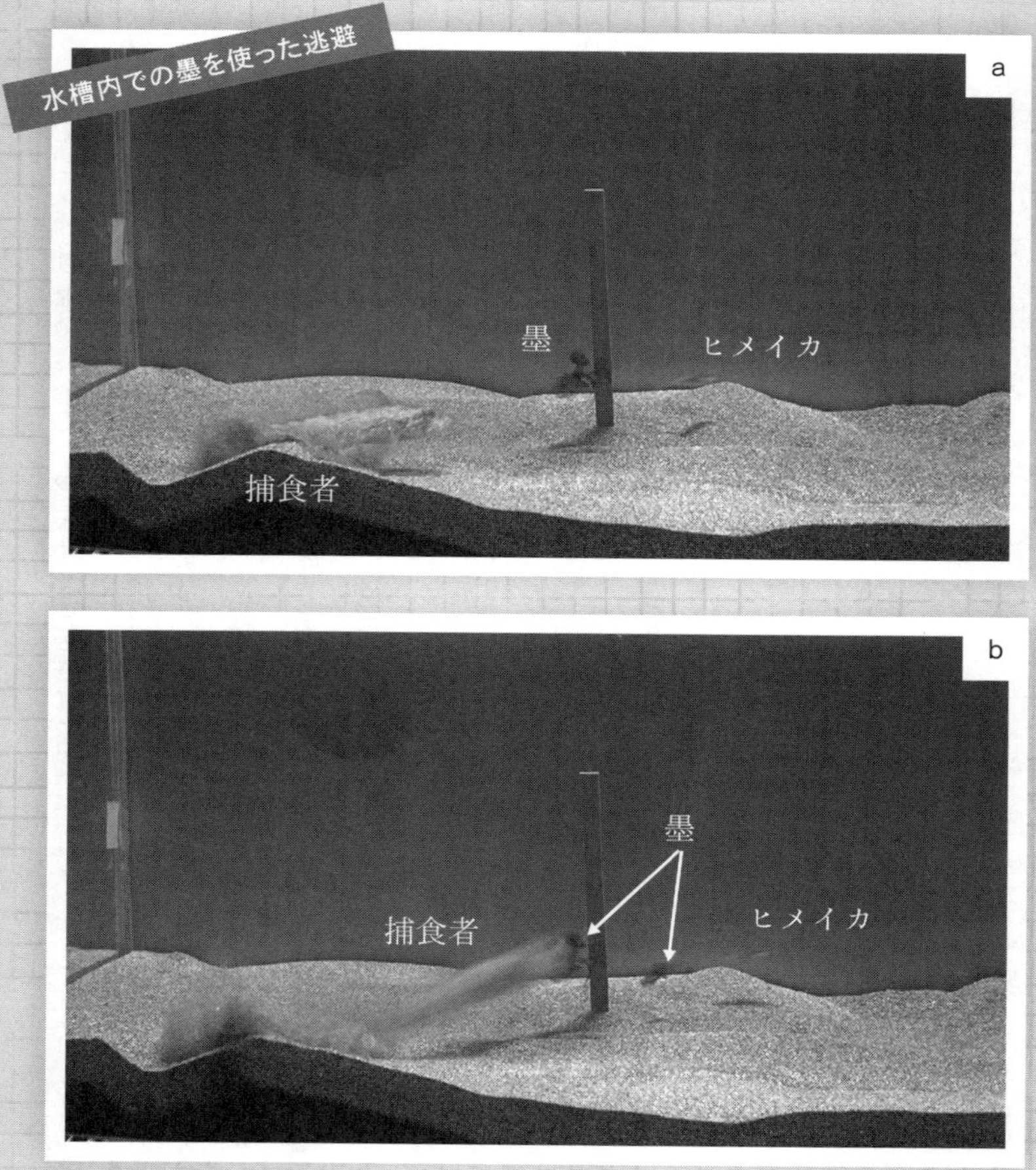

アナハゼに自らの存在が気づかれたと感じたヒメイカは墨を吐きながら逃避し(a)、それを追うようにアナハゼは猛然と攻撃を開始した。連続して墨を吐いて逃げるイカを捕らえるのは難しいのか、アナハゼのすべての攻撃はイカではなく、墨に向かった(b)。00:27からはスローを交えた映像。00:44でヒメイカが体色を黒く変色させていた。00:58には体色を透明にさせ、その場から立ち去った。

〈動画URL〉https://youtu.be/z0l3PqvhELs

変えるだけで、期待する行動が交接から攻撃に早変わりである。

引地君の実験では、残念ながら、クサフグはヒメイカに興味を示さず、期待していた逃避行動を見ることはできなかったが、一方、以前の実験においてその攻撃性は折り紙付きだったアナハゼはここでもしっかりと結果を残してくれた。積極的にヒメイカに襲いかかり、ヒメイカもまた、自分の体と同じ大きさにまとまる墨を水中に残して逃避行動を試みる様子がしっかり映像に記録されていたのだ。なにより嬉しかったのは、アナハゼが見事に騙されて、ヒメイカではなく、墨に対して攻撃を行っていたことである。ヒメイカの墨がおとりとして機能することは一目瞭然だった。

そこで、実験対象をアナハゼに限定して、その捕食攻撃に対してヒメイカが墨吐きを行った様子を集めて結果をまとめてみると、ヒメイカの墨吐き逃避行動は、彼らが危険を感じてただただ単純に墨を吐いているだけではなく、複雑な作法があることが分かってきた。どうやら、墨を吐き出す前後で体色を変化させているようなのだ。また、多くの場合、イカは逃げながら墨の塊をいくつも吐き出していた。

研究成果をしっかり卒業論文としてまとめ、引地君は隠岐の島から飛び立っていった。しかし、この面白い結果を彼の卒業論文の中だけで終わらせるのはもったいない。ただ、今のデータだけでは、科学雑誌に投稿したとしても、単純な行動の報告に終わってしまう。水槽実験の例数を増やして、その行動を細かく解析すると共に、野外での検証実験も行えば、もっと細かい墨吐き逃避行動の秘密に迫れるのではないだろうか。そこで、彼の行った実験を引継ぎ、もっと詳細なデータを取ることにした。

いざ自分で実験を始めてみると、交接行動と同様、この実験もそう簡単にデータが集まらないことが分かってくる。捕食者が気づく前に墨を吐いてしまうケースや、ヒメイカが逃避行動を示す前に捕食者が一方的に攻撃してしまうケース、さらには観察時間を三〇分と設定したが、ヒメイカもアナハゼも時間内になんの行動も行わないケースが多々見られたのだ。傍から見ると簡単なように思えた実験だが、四年生ながら文句も言わず実験をこなしていた引地君に感心した。さすがにこれらの不完全な実験結果を解析に加えることはできない。結果的に一一二例もの実験データを解析から外すことになってしまったが、それでもなんとか三六例の実験データが手元に残った。

データ解析をして明らかになってきたことは、墨を吐き出すと圧倒的高確率で捕食者から逃げることができるということだ。この実験では観察した攻撃の八割以上でヒメイカの逃避が成功していた。引地君によって記録された映像と同様、アナハゼの攻撃は、イカではなく、吐き出して水中に漂う墨に向かって襲い掛かるケースが頻繁にあり、明らかに墨をイカと間違えて攻撃していることを再確認することができた。面白いことに、ヒメイカが逃げ始めるタイミングでは、アナハゼの攻撃はちゃんとヒメイカに向かっていたのだが、イカが墨を吐き出す数が増すほど、その後に繰り出した攻撃は墨に向かう確率が高くなっていった。つまり、吐き出す墨の数と共に、アナハゼの混乱具合は強くなり、より騙されやすくなっていったのである。また墨には攻撃を思いとどまらせる効果もありそうだ。イカの存在に気づき、攻撃態勢に入ったアナハゼが、これまたその殺気に気づいて吐き出されたヒメイカの墨を見て、攻撃をやめるというケースが一三例も確認できたのだ。もしかしたら、定めていた狙いに狂いが生じたのかもしれない。

では、体色変化のタイミングについてはどうだろう。細かく行動を観察した結果、逃避の直前に色素胞を絞り、体色を薄くというか、限りなく透明な状態に変化させた後、逃避していることが分かった。さらに、墨をたくさん吐き出した後だが、今度は自らの体色を黒く変化させ、墨に紛れて水中を漂う様子も頻繁に見られた。どうやら、彼らの素早い体色変化は、墨をイカと誤解させる重要な要素であり、墨吐き逃避行動と体色変化は切っても切れない関係にあるようだ。

しかし、この小さな体のヒメイカをもってしても、幅四五センチメートルの水槽では、逃避の途中であっという間に壁にぶつかってしまう。遊泳が中断されることに加え、吐き出した墨に自然と囲まれる状況にどうしてもなってしまうため、逃げ終わりまでの完全な逃避行動を観察できたとは言い難い。この不備を補うためには、野外実験を行うしかない。

騙しのテクニック

野外でのヒメイカの逃避行動を観察すると一口に言っても、そのような行動が目の前で起こるチャンスはそうそうない。動物カメラマンのように、それこそ長い時間かけて特定の個体に張り付かない限り、逃避行動を観察するのは非常に難しいだろう。そこで、妙案を思いついた。何も、ヒメイカの逃避行動を記録するために、リアルな捕食者に襲われる瞬間をひたすらに待つ必要はない。捕食者を模した物体を近づけることで、攻撃されたと相手に思わせることができれば自然と逃避してくれるだろう。カメラも一緒に近づければ、捕食者の視点で墨が持つ視覚的効果、つまりはヒメイカの騙しのテクニックを体験することだって期待できる。そこで、アクションカメラ（GoProと言った方が分かりやすいだろうか）を先端に取り付けた自撮り棒を用意し、カメラの先に釣りに使うルアーを捕食者のモデルとして設置した特殊装置を開発した。このルアーをヒメイカに近づけるだけで、捕食者の攻撃を再現し、逃げる様子が記録されるにちがいない。

この実験に取り掛かる準備の様子は、本書のプロローグで示した通りである。新しくポスドク研究員として実験所のスタッフに加わった小野廣記さんを焚きつけて、ダイビングの道に引きずりこみ、バディとして何度も調査に同行してもらったことは、二人にとってとてもいい思い出だ。小野さんもきっとそう言うに決まっているので確認する必要はないだろう。

アマモ場に隠れているヒメイカを見つけては、ルアー付きカメラを近づける。目論見通り、ルアーを捕食者と認識してか、ある程度の距離にルアーが近づくと、一目散に墨を吐いてヒメイカは逃げていった。このやり方も、追い立てる方向が重要だということに、何度か実験をやる中で気づいた。途中でアマモ場の中に逃げられると墨の効果を評価するようなデータを得る前に、ヒメイカの姿を見失ってしまう。なので、カメラを近づけるヒメイカの後ろに、できるだけなにも構造物がないことを確認しなければいけないというわけだ。ヒメイカが逃避のために、泳ぎを開始し、こちらもそのイカを追い立てるようにして装置を向け、追跡を続ける。すると、ヒメイカは必ず、外套膜

野外での墨を使った逃避

アクションカメラの先端に捕食者を模したルアーを設置し、ヒメイカの逃避行動を追跡した。体が小さいうえに、体色が透明なので、逃げているヒメイカは分かりにくい。吐き出す墨を頼りに追跡するといつの間にか見失っていた。逃避の仕方は2パターン（a, b）。

急停止すると共に、体色を黒く変化させるというもの。00:13からスローと停止を交えた映像。00:26の時に、急停止したヒメイカが確認できる。

〈動画URL〉https://youtu.be/XBPzloAbUqE

遊泳方向を急にかえるというもの。こちらは体色変化させず、透明のまま泳ぐ方向だけを変えていた。00:11からスローを交えた分かりやすい映像。00:36で方向を変えて画面の左側に逃げ去るヒメイカが見える。

〈動画URL〉https://youtu.be/ind_xwJVRjk

を前に、足を後ろにというこちらを見ながらの体勢で我々から遠ざかるように直線的に逃げ、一定間隔で墨を連続して吐き出していくのであった。ここまでの様子は水槽実験で観察していたのとさほど大差はない。

ところが、実際にこの目で逃げるヒメイカを追跡して実感することは、彼らの透明な体は自然環境下ではとても見えにくいということだ。逃げ去るヒメイカに必死にルアーを近づけ、なんとかこれに食い下がろうとするのだが、面白いことに見えづらいヒメイカの姿ではなく、いつのまにか彼らの吐き出した墨を手掛かりにヒメイカを追跡するようになっているのである。イカの姿は見えていないが、墨の先に彼らがいるのは間違いない、そう信じて追跡を続けていると、突然、断続的に続いていた墨の出現が中断された。そして、その時はじめてヒメイカが忽然と姿を消していることに気づくのである。驚愕の逃避戦略だ。アナハゼは騙されても、人間様は騙されまいとたかをくくっていたのだが、いとも簡単にヒメイカの術中にはまってしまった。

いったい何が起こっていたのだろう。その時の模様を探るため、記録された映像を見直してみると、ヒメイカの驚くべき行動の変化の様子がそこには記録されていた。攻撃を受けてから、ほぼ直線的に逃避していたヒメイカだったが、ある瞬間に、これまで泳いでいたコースとはまったく別の方向に向けて、急激に進路を変えたのである。意外なことに、あれだけ吐いていた墨は、方向転換後は全く吐かれていなかった。吐き出した墨の延長線上にイカがいると思い込んでいた私には、別方向に逃げた透明に近いヒメイカの姿は捉えることが叶わず、まさにこの目には消えたように映ったのだった。
騙しのテクニックはそれだけではなかった。別の日の観察では、これまたしつこく追跡する私に対して、異なるやり方を見せつけてきたのである。襲われてから体を透明にし、墨を吐き出しつつ、直線的に逃げるのは同じであり、やはりこの時も、突然墨が途切れ、ヒメイカの姿を見失ってしまった。しかし、驚いたのは映像を確認してからである。なんとこれまでのように体色を透明に保ったまま急旋回しているのではなく、今回の個体は、急停止し体色を急激に黒く変化させていたのだ。つまり、私がヒメイカを見失ったときに、この個体は墨に擬態して目の前にいたのである。あまりの大胆不敵なやり口には、感心するばかりである。墨の先に、透明に近い体色で逃げるイカ、というイメージが頭の中で完全にでき上がった私は、今回も見事に騙されたというわけだ。
いったいどのような状況でこれら二つの騙し方を使い分けしているのかは分からない。おそらく周囲の状況によって、どちらの方に寄せるのかを決めているのだろう。周囲に隠れる場所がある場合はコースをチェンジするのかもしれないし、何もない場合は墨に化けるのかもしれない。いずれにせよ、墨をおとりとしてちゃんと機能させるためには、体色変化のタイミングやその逃げ方が大いに関係していることは間違いない。[6]
こうして、墨というイカタコの代表的な特徴が持つ防御機能の謎にヒメイカを使うことで迫る我々のチャレンジは上々の成果を得ることができた。

5章

世界に広がるヒメイカの仲間

1 見つかりだした新種ヒメイカ

遠のく行動研究

住めば都とはよく言ったもので、かつてはためらったこともあった隠岐の島での研究生活だが、蓋を開けてみれば島暮らしは非常に楽しいものだった。山と海に囲まれた実験所では、様々な動植物に触れ合うことができる。なんでもできる後輩の小野さんは、季節ごとに集まる昆虫の名前を教えてくれたり、漁師さんからお裾分けで頂いた魚をさばいて料理を振舞ってくれたりと、まるで接待かのように世話を焼いてくれて、私は左うちわの生活を楽しむことができた。もちろん、生活面だけでなく、思い立ったらすぐに海に潜って、採集した生物で実験できる環境はなかなか存在しないのではないだろうか。

しかし、そんな天国のような隠岐の島ライフも二年で終わりを告げることとなった。残念だがこのポストはあくまでも一年契約であり、いつ契約が切られてもおかしくない雇用状況におかれている立場であることはよく分かっていた。そのため、常勤の研究職のポスト、すなわちずっと雇ってくれることが約束されている安定した職業の募集にこつこつ応募をしていたのだが、ついにその一つが引っかかったのである。採用された先は東海大学海洋学部で、その新たな職場は、かつてマグロ漁船での海鳥混獲の仕事でお世話になった水産研究所に隣接していた。八年の時を超え、再び静岡の地に戻ってくるとは、人生とは分からないものである。

さて、四〇歳を目前にしてとうとう次の仕事のことを考えなくてよい、安定した教員の職を得ることとなった。すでに隠岐の島でも教員として勤めていたが、教育業務をはじめ、研究以外に求められる仕事の量は、臨時で採用されたものとは段違いに多いことに着任早々に気づいた。なんとなく、自分が現場に出て、自らの手で研究をすることは難しくなる予感がした。もっとも、それを見越してなるべくポスドク生活を長く維持して研究を続けてきたので、これについてはそれなりに覚悟はできていたし、面倒くさがりな自分は自らの手で研究することにこだわりがないタイプであると思っていたので、研究スタイルを切り替える時がきたくらいにしかこの時は感じなかった。

東海大学に赴任して一年がたち、とうとう自分も研究室を持って、多くの学生を指導する立場になった。当然、私の研究室はイカ・タコの生態について扱うわけだが、ここでもやはり核となるのはヒメイカの研究である。どんなに行動を観察したくても、飼育施設が充実していないとイカ・タコの研究は難しい。そんななか、飼育が容易でどんなところでも実験の例数が稼げるヒメイカの存在はありがたい。

いざ研究室を主宰して分かったことは、行動研究のような連日長い時間をとられる実験にプレイヤーとして参加することはかなり難しいということだった。こまごまとした仕事によって継ぎはぎだらけとなったスケジュールでは、集中してことにあたるチャンスは非常に限られる。やはり、ここでは学生に研究テーマを振り分け、それがどのように進んでいるかを見守るという役割に徹さなくてはならないようだ。そんな立場にいざなってみると、自分で手を動かせないことがこんなにも歯がゆいものだとは思わなかった。自分は他の研究者の仕事と比較しても仕事は雑だし、集中力もなく、研究に対して強いこだわりはないタイプだと思っていたので、このような感情を抱いたことは少し意外だった。

沖縄に潜む新種ヒメイカ

行動研究の主役を学生にバトンタッチするとなると、自分が力を入れる場所は、いったいどんな研究を行っていくかというテーマを考えるところにシフトせざるをえない。そこで、改めて、ヒメイカでやりたいことは何かということを考えたときに、日本にいるヒメイカ、*Idiosepius paradoxus* 以外のものを扱い、これと比較してみたいという感情がわいてきた。これからは世界のヒメイカに手を出していこう。そんな私の最近の研究の皮切りとなった、ヒメイカ科の新種記載の研究成果についての話から紹介していくことにしよう。

これまで、北は北海道、南は沖縄まで、空いた時間で、日本の様々な場所にいるヒメイカをこつこつ採集してきた。そんな私の手持ちのサンプルのなかで一つ気がかりだったのは沖縄に存在するヒメイカである。実はここに生息するヒメイカは一〇年ほど前から「いわく付き」であった。オーストリアのフォン・ベイルン博士が発表したある論文の中で、ＤＮＡ情報を使ってヒメイカ属の系統解析を行った結果、沖縄で採集されたヒメイカは、日本の他の場所で採集されたものと遺伝子レベルで別種に相当するほどの大きな違いがあることが分かったのだ。[1] そこで、沖縄に在住の知人にお願いして、現地でヒメイカを採集してもらい、サンプルを送ってもらうことにした。届いたサンプルを実体顕微鏡でじっくり観察してみたが、ホルマリンやエタノールで固定されたサンプルにはこれまで見てきた知多半島や大村湾のヒメイカと大きな形態的違いがあるようには到底思えなかった。

硬組織がほとんどない頭足類の同定はなかなかに難しい。棘の数が違うとか、はっきりとした模様がある等の明らかに目立つ特徴があればいいが、そんな分かりやすい形の違いは目の前のヒメイカには見られず、固定液の影響で体色も完全に落ちている。また、どことなく、体の大きさは沖縄のヒメイカの方が小さいように思えたが、もともとヒメイカ自体、体サイズの異なる二タイプの生活史を持ち、小型で成熟するタイプもいるので、これも別種と判断する根拠とはならなそうだ。やはり、分類学が専門ではない私程度が思いつく形態情報を見比べたくらいでは、どうにも太刀打ちできそうになかった。

生きている姿を見てみたい

取り寄せたサンプルを見たところで何の発見もなかったが、それでも明確な遺伝的差異があると言われると、どうしても沖縄の謎ヒメイカの存在が気になってしまう。そこで、一度、自分で直接採集し、この目で生きた姿を拝んでみることにした。その場所として選んだのは西表島である。詳しい経緯は忘れてしまったが、確かインターネット上に沖縄エリアでダイビングを行い、ヒメイカの写真をあげている人のブログを見つけ、この場所にヒメイカがいることを突き止めたと記憶している。さて、ダイビングで海の生き物を採集すると簡単に言っても、現地に行ってすぐに取り掛かれるわけではない。長崎は大村湾での調査のように、水産大国である日本では、ほとんどの地域で現地の漁協に話を通さなければいけない。沖縄県は例外的に自由に潜水ができるような環境ではあり、これに関してはあまり考えなくてはいいものの、そもそも空気ボンベなどの重器材が必要なダイビングを単独で見知らぬ土地で行うことは難しいし、情報も少なく、何より危険が伴う。そこで、たいていの場合は地元のダイバーにガイドをお願いする。新天地での潜水調査ではこれが最も合理的なやりかたである。

現地のダイビングガイド協力のもと、目撃情報があった海草の一種、ウミヒルモが繁茂している場所を集中的に探す。アマモとは違い、こぢんまりとした丸い葉っぱが砂地から生えた、まさに新芽のような形状の海草である。透明度の高い真っ青な海に映える色とりどりのサンゴ、その間を縫うようにして泳ぎ回るきらびやかな数々の魚。そんな魅力的な海にいながら、ひたすら砂地で海草をかきわけること数十分、間もなく小さい葉にくっついて体を休める小型のヒメイカらしきものを見つけることができた。

ぱっと見た印象は、固定された標本を見た時と同様、ヒメイカとなんら変わりはない。体サイズがとても小さいということ以外は特別気がつくことはなかった。ヒメイカという種類を見てきた数だけでいうなら、日本で並ぶ者はいないという自負がある私としては、生きている姿を見れば何かピンとくるのではと期待していたが、数をこなせばいいというものでもないらしい。その後も、ポツポツとヒメイカの仲間は見つかり、最終的には五個体ほど採集することができた。

ヒメイカとは異なる交接行動

手に入れた個体は採集容器ごと宿に持ち帰り、持参した小型の水槽に移しかえて、しばしその様子を観察してみることにした。正直なところ、たとえ生きた状態であっても、種ごとの形態的特徴に何の心配りもしてこなかった自分が、従来のヒメイカとの違いを見つけることはできないことくらい想定済みである。それよりも、自分の得意分野である、行動観察から種の違いに迫ってみることにしたのである。注目したのは繁殖行動だ。

実は、タイに生息するシャムヒメイカ（*Idiosepius thailandicus*）は、日本のヒメイカと交接のやり方が大きく違うことが報告されており、驚くべきことに、雄は精莢を受け渡すために交接腕ではなく、触腕を使用するというのだ。[2] 獲物を捕まえるために特殊化した触腕を交接のために使うなんて話はこれまで聞いたことがないので眉唾な話ではあるが、どの腕を使うかは置いておいて、とにかくシャムヒメイカでは雄は雌に組み付くことがなく、離れた位置から雌の体に精莢を受け渡すやり方をしているのは間違いなさそうだ。

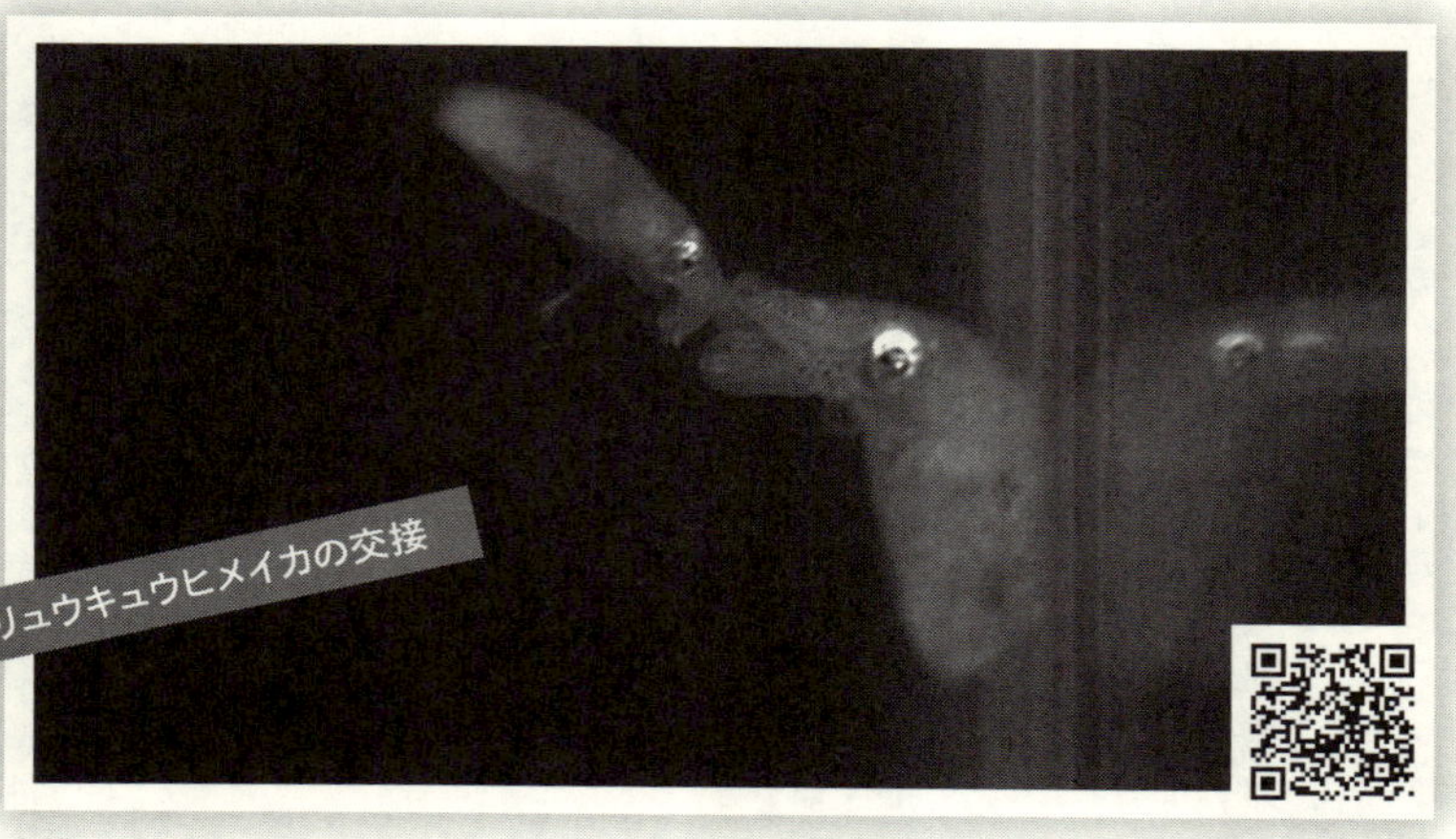

水槽の壁面にくっついて休む雌に交接を試みる雄。ヒメイカとは違い、雌に掴みかかることなく、離れた位置から交接腕を伸ばして精莢を受け渡す。00:07で1回目、00:13で2回目、00:17で3回目の交接が行われている。撮影：田邉良平。　〈動画URL〉https://youtu.be/gzLZi1VV0fA

残念ながら、他のヒメイカ科ではどのように交接しているのかといった情報は見つからなかったので、この行動を見れば違いが判るといった絶対的な物差しとして使えるわけではないだろうが、ヒメイカとは交接行動が違っている可能性は十分に考えられる。水槽の壁面に付着して休むイカの体をよく見ると、真っ白な精巣を持っている雄と、発達した卵を持つ雌がどちらも確認できた。これは運がいい。水槽内のイカが落ち着くまで、ぼーっと待っていると、まもなくして、期待していたヒメイカとの違いをこの目で確認することに成功した。

水槽壁面から、対面のガラス壁に付着して休んでいる雌の様子をうかがっていた一個体の雄が、急に遊泳を開始し、その雌めがけて急速に接近していった。ヒメイカであれば交接行動がまさに始まるといった雰囲気がビンビンに感じられる。しかし、そこからの行動はこれまでよく知るヒメイカのそれではなかった。雌を目の前にしても、雄は決して雌に組み付くことなく、相手と距離を取りながらその場でホバリングしていたのだが、やがて、一本の交接腕をメスの方に伸ばし始めたのである。すると次の瞬間、もう一本の交接腕で精莢を掴み、雌に向かって伸びたままの交接腕をガイド代わりに、精莢を掴んだ交接腕を雌の体に向けて伸ばし、精子塊を付着させていったのであった。

これはまさに、シャムヒメイカの交接方法そのものではないか。雌の体に少しずつ精莢をつけていくその様は、なんだか田植えを思い起こされ、とても風変わりである。シャムヒメイカの例では、触腕を使っているということだが、その根拠となる写真はそれほど解像度が高くなかったうえに、私がこれまで行ってきた行動観察のように、小さい体のヒメイカにそれほど接近して撮影できていなかったため、もしかしたら、集合した一〇本の腕の先端から交接の際にまっすぐに延びる一本の腕を見て、そのまま単純に触腕と解釈したのかもしれない。とにかく、自分なりのやり方で、目の前にいるのは本州に生息するヒメイカとは違う種類のイカであることを突き止めることができた。

分類の専門家を頼って

確信が持てたところで、新種記載のために本格的に動くことにした。正直、幼少期のころだけでなく、今も大して動物図鑑を見るのが好きではない、これまで動物の名前に関してはとんと無頓着な私に、新種発見の研究論文を出すことは普通に考えたらとうてい務まりそうもないが、そんな人間であっても一度くらいは自分の名前を冠した新種を報告してみたいなんてスケベ心がないわけではない。ところが、ざっと調べて見ても、新種を記載し、論文として発表する方法がよく分からず、一人ですべてをやり遂げるには到底超えられない高い壁があるように感じた。難問を解決するための一番の方法は分類学の研究者に協力を仰ぐことだが、残念ながら頭足類の分類研究は日本においては冬の時代を迎えていた。近年の日本の頭足類学の発展を支えた奥谷喬司先生やダイオウイカ研究で有名な窪寺恒己先生がすでに一線から退かれ、若手の研究者も育ってはいなかったのである。

話が進んだのは二〇一八年。この年、オーストラリアの分類学者、マンディー＝レイド博士と分子系統学者のジャン＝ストラグネル博士によって、オーストラリアに生息するヒメイカ属の一種が新種として新たに記載され、論文で発表されたのである。さっそく、マンディーさんに連絡を取って、この論文のＰＤＦファイルを送ってもらったのだが、そのときに未記載種が手元にあり、分類できていないという自分の状況を軽く説明すると、あちらの方から共同研究の打診がきたのだ。渡りに船とはこのことである。早速、手持ちのサンプルを相手方に送り、形態の記載をお願いすることにした。

一方、タイミングを同じくして、マンディーさんの所に、沖縄科学技術大学（通称ＯＩＳＴ）の研究補助員であるジェフリー＝ジョリーさんからも、沖縄で採集された未記載種、それも私の採集したものとはこれまた形態が異なる変わったヒメイカの仲間が持ち込まれていた。そこで、協議した結果、この二種を同時に記載して、論文にまとめようというように話は広がっていった。

ＤＮＡから迫る系統関係

形態計測を本業の方に任せた私だが、ただ手をこまねいてその結果が届くのを待っていただけではない。私がなんとか貢献できそうなＤＮＡ実験でお手伝いすることにした。といっても今回は父子判定ではなく、遺伝子配列の類似度をもとに種間の関係性を紐解く分子系統解析をやらなければいけない。当然こちらも、これまでやったことがない技術ではあるが、解析ソフトの使い方等、ネット上にそのやり方はよくまとまっており、こちらの方は試行錯誤でまだなんとか戦える。解析の前にまずは目的となる遺伝子配列を調べるシーケンスという作業をしなければならない。ＤＮＡの中には様々な遺伝子があるが、ミトコンドリアのＣＯ１領域等は種ごとにその情報が異なることから、種の認識などにもよく使われ、さらにその配列がどれくらい似ているかで、近縁なのかを明らかにすることができるのだ。シーケンスした後、得られたＡ、Ｔ、Ｇ、Ｃといった塩基配列が長々と並ぶデータを専用の解析ソフトに打ち込み、種間関係を探っていく。この解析はひたすらパソコン上でデータを弄るだけのものなので、私にとっては慣れない作業であり、これまでとは違った大変さがあったが、結果自体はとても明確で、面白いものだった。私の採集した謎ヒメイカ（これをヒメイカＡとしよう）の遺伝子は、日本列島に生息する、いわゆるヒメイカとの類似度は低く、どちらかというとアフリカに生息する種や、タイに生息する種と近縁であるという結果が得られた。ところがもっと驚く結果となったのは、ジェフリーさんが持ちこんだもう一つの謎ヒメイカ（これをヒメ

ツノヒメイカ（*Kodama jujutsu*）の生態写真。撮影：Brandon Ryan Hannan。

イカBとする）である。なんと、これまで知られているヒメイカ科の全種と、いずれも類似度が低かったのである。この結果が意味するところは、このヒメイカBがかなり昔の時点で種分化をしていたということである。それが分かってから、改めてジェフリーさんが持ち込んだヒメイカBの生体写真を見ると、確かに外套膜の形がこれまでのヒメイカとは大きく異なっていることに気づいた。

ここで、マンディーさんから形態観察の結果が届いた。それによると、ヒメイカAは従来のヒメイカの仲間よりも、雄の交接腕が長くなっていることが一番の特徴だということだ。これは離れた位置から交接するあの特殊な方法と関係があるのかもしれない。しかし、それ以外にはやはりそれほど大きな形態的な違いは見られなかった。ヒメイカの仲間は、プロポーションこそ、最も日本で一般的なスルメイカと大差なく、紡錘形でいわゆる細長い外套膜を持っている。つまり、小さくはあるが実にイカらしい形をしているといってもいいだろう。しかし、ヒメイカBの外套膜は四隅が引っ張られたように膨れて、太くなっていた。それだけでなく、鰭の付け根や頭部にはとげのようなでっぱりが生えているのである。このような角状の突起を持つヒメイカの仲間はこれまでいなかった。他にも、ヒメイカBにはいくつもの独自の特徴が見られ、素人の私としてはヒメイカAよりも新種としての格はいくぶん上のように感じた。

名前をつける難しさ

形態情報と遺伝情報に行動の記録もそろった。残るはこの二種に名前をつけるという大仕事である。最初は新種に自分の名前をつけたいなどと息巻いていたものの、調べていくうちに、人名を名前につけることは偉大な研究者に捧げる献名という形が基本で、論文発表した自分の名前をつけることはあまり好まれない行為であることが分かってきた。冷静になって考えると「俺が発見した！」という承認欲求の強さが前面に出ていて、傍目から見てもちょっとダサい。自分の土俵で考えても「佐藤仮説」なんて自分で言い出すのはさすがに恥ずかしい。他の人から言われるようになるのがかっこいいのだ。やはり、その生き物の特徴を正確に表す名前をつけるべきだ。そう考えを改めた私だったが、そこに立ちはだかったのが共同研究者のジェフリーさんとマンディーさんの独特な感性だった。

まず、私が持ち込んだヒメイカAについては、共同研究の当初から学名にはその長い交接腕をそのまま種小名とした *longi*（長い）*cotylus*（交接腕）というものを仮名として提案しており、好評を得ていた。そのため、このまま使われると思っていたのだが、論文を投稿する直前にマンディーさんから突如、却下されてしまった。何が悪かったのかは分からなかったが、分類学的にはあまりセンスがない名付けだったのかもしれないし、一番貢献された筆頭著者の意見に逆らうこともない。改めて二種の名前を考えることとなった。そのタイミングでもう一つのヒメイカBの名前としてジェフリーさんが提案したのは *jujutsu* である。柔術のように獲物を捕らえるからとのことだが、名づけの理由が彼が柔術にハマっていることからきているのはフェイスブックから見え見えだった。

そんな彼の個人的趣味が前面に出た提案に、マンディーさんは「素晴らしい！」との回答。ノリノリのジェフリーさんに呼応するように、ヒメイカBの属名として彼女が提案してきたのが、リュウキュウにいるイカを日本語で表した *Ryukyuika* である。勘違いしないでもらいたいのは、これは和名ではないということだ。外国の人の感覚では問題ないのかもしれないが、素人の私であっても、さすがにこの名前はまずいと思った。サルの学名にSaruが、犬の学名にInuが使われていないように、イカの学名にもIkaが使われるのは問題ではないのか？ *Ryukyuika jujutsu* が学名になるのは正直、認めたくない。どうやら、命名に対してマンディーさんはこだわりが無く、ジェフリーさんは趣味をそのままぶつけるタイプのようだ。実は、この論文を投稿しようと考えていた学術雑誌の頭足類特集号の締め切り日が間近に迫っていた。そのため、筆頭著者のマンディーさんは焦っていたのもあるだろう。とにかく、この名前は変更しなければいけない。人に自分の意見を主張することをなによりも苦手とする私としては交渉というものは極力避けたかった仕事の一つではあったが、こうなっては仕方がない。

まず、時間がないと言われた中で苦し紛れに私がヒメイカAの学名に提案したのは沖縄の民話に出てくる妖精キジムナーから取った*kijimuna*だった。これまでの経緯から、却下されることも懸念していたが、制限時間の関係からか、マンディーさんからもOKが出た。また、ヒメイカBにあてられた*Ryukyuika*という属名は日本人的に問題があるので変えてほしいとの私の提案も無事受け入れられた。その代わりとして提案したのが小鬼を意味するインプからとった*Impis*という名前である。角のような突起があるヒメイカBには相応しく、*Impis jujutsu*という字面も悪くない。ところがこれにはNGが出た。属名を略称した際、つまりI. jujutsuとしたときに、もともとのヒメイカの属名であるIdiosepiusと同じIが被って混同するとのことである。言われてみたらその通りだ。残念だが諦めざるを得ない。命名をめぐるメールでのやりとりが停滞しかけたその時、ジェフリーさんからのメールが均衡を破った。小さい妖精のようなので、スタジオジブリのアニメ作品、もののけ姫に出てくるキャラクター、コダマからとってはどうかとの提案である。

正直なところ、それはどうだろうというのが率直な私の感想だった。学名*Kodama jujutsu*。新しい流派の格闘技にしか思えない。しかし、なんと反論すればいいのだろう。そう思った矢先に、マンディーさんから「素晴らしい！」という返信が届いた。変だと思うのは私だけなのかもしれない。

もう、何が良くて何が悪いのかがよく分からなくなっていた。せめて和名は奇抜じゃないものがい い……。こうした様々なやりとりを乗り越えて、ヒメイカAはリュウキュウヒメイカ（*Idiosepius kijimuna*）、ヒメイカBはツノヒメイカ（*Kodama jujutsu*）と名づけられ、新種として新たなヒメイカ科の仲間に加わることと相成った。[3]

名前をめぐる顛末はさておき、新種を記載するという挑戦は当初とは思わぬ形で着地した。リュウキュウヒメイカを記載できたことはうれしいが、それよりも一風変わったツノヒメイカが持ち込まれたことで、なんだか自分の発見が霞んでしまった気もする。しかし、そもそも新種記載に最も重要な形態の観察を外部の研究者にお願いした時点で、その名誉を得る資格はないだろう。そう考えなおすとそれほど残念だとも思わなくなった。それはさておき、このツノヒメイカが生きている姿は見たいところである。ジェフリーさんに聞くと、ヒメイカの住処として一般的なアマモ場にはおらず、岩場で夜間に採集を行ったとのことである。ただし、居場所が割れているヒメイカと比べ、簡単には見つからないらしい。結局、私も未だに、ツノヒメイカの生きた姿をお目にかかることができていない。形態だけでなく生態までもヒメイカとは異なるこのイカにいつか出会いたいものである。

2 繋がりだしたヒメイカの輪

世界のヒメイカ

こうして、日本に生息する二種の新種がヒメイカ属に加わることになった。さて、何も触れずにここまで来てしまったが、そもそも世界にはどれだけのヒメイカの仲間がいるのだろうか。今回の発見を含めると、日本に生息するヒメイカ（学名は *I. paradoxus*）、ツノヒメイカ（*K. jujutsu*）、リュウキュウヒメイカ（*I. kijimuna*）の三種類、オーストラリアには南部に生息するタスマニアヒメイカ（*Xipholeptos notoides*）、西部に生息する *I. hallami*（和名無し）、オーストラリア北部から、タイ、ひいては台湾にまで幅広い地域に生息するホンヒメイカ（*I. pygmaeus*）、タイで見つかったシャムヒメイカ（*I. thailandicus*）、インドネシアに生息する *I. pictetii*（和名無し）、アフリカの東部沿岸に生息するアフリカヒメイカ（*I. minimus*）と全部で九種がインド洋を囲む地域の沿岸に分布している[4]。

おそらくヒメイカ科にはまだ見ぬ新種が潜んでいるだろう。今回沖縄で二つも新種が発見されたのは、生物の多様性に富んでいる熱帯域という地理的な背景も関係しているのかもしれない。ヒメイカ科のイカは総じて小型で、普段は遊泳すらしないためか、網にかかりにくい。これがおそらく、これまで研究者の眼にひっかからなかった原因だと思われる。ところが、ダイビング技術の発展によって、徐々に今まで見すごしていた彼らの存在に気づける下地ができてきた。熱帯域というくくりで見てみても、インドネシアなどのエリアは様々なヒメイカの仲間が潜んでいる可能性がある。頭足類研究者がいるタイと南アフリカの間には頭足類学的に大きな空白地帯ができており、紅海やインドあたりにも未知のヒメイカの仲間がいることは十分に期待できる。

この予測を裏付けるように、二〇一八年のマンディーさんの論文でも、すでにオーストラリアに二種の未記載種が存在していることがほのめかされているし、何より私もすでにこれまで知られたヒメイカ科の仲間には見られない、一風変わった形態のヒメイカの存在を一種類だけだが認識している。ヒメイカの世界は広がりつつあるのだ。

比較して楽しいヒメイカ

さて、新種の発見に手を出した私であるが、別に「世界に潜むすべてのヒメイカの仲間を見つけてやるぜ！」なんてことを今後の研究テーマとしたいわけではない。なんだかんだ言っても、私は行動生態学の研究者だ。そこには行動生態学と直結した真の目的がある。まぁ、新種記載の顛末を見ても、それほど動物の分類に情熱が湧いていないことは分かっていただけたかと思う。それでは、最終的に何をしたいのか。何故、世界のヒメイカの話をしたのか。ここで私が情熱を注いできた繁殖行動が関係してくる。

リュウキュウヒメイカの所でも話したように、ヒメイカ科の中でも交接のやり方は大きく異なる。

シャムヒメイカやリュウキュウヒメイカの雄が雌に掴みかからず、離れた位置から精莢を受け渡していくやり方を考えると、彼らの交接では、雄は雌の同意を得て、ことにおよんでいる可能性が高い。これは、雌が交接の前に繁殖相手の選定を行い、好みの雄にのみ、交接を許していることを意味している。一方、雄が雌に掴みかかり半ば強制的に交接を行うヒメイカでは、雌が事前に交接相手を選ぶことができない代わりに、精子排除によって、交接後に繁殖相手の選択を行っているのではないだろうか。もしかすると、前者は交接前に雄選びができている分、ヒメイカよりも精子排除のような交接後の配偶者選択をあまり行っていないかもしれない。いったい、この違いは何が原因で生じたのだろうか。やはり、捕食リスクが影響しているのか、それとも繁殖をめぐる競争や配偶者選択、はたまた雌雄間の対立が効いているのか。

世界にはまだまだ様々な環境に生息するヒメイカが存在する。果たして、他のヒメイカはリュウキュウヒメイカのような合意型とおぼしき交接をするのか、それともヒメイカのような強制型の交接をするのか、はたまた全く新しい方法で繁殖を行っているのか。これらの種の繁殖生態とかれらの置かれた生息環境を比較することで、ヒメイカ科の種分化に雄間闘争や配偶者選択といった性選択が強く関わっているのか、さらには交接後の配偶者選択がどのように進化してきたのかという背景を明らかにできるのではないか。

以前、長崎と隠岐の島のヒメイカの個体群比較ではあいまいな結果で終わってしまったが、ヒメイカ科の種間比較をすることでその借りを返すことができる。やはり最初の自信ある研究成果となったヒメイカの交接後の配偶者選択、これが生まれた謎を最後まで追いかけたい。世界に散らばるヒメイカの仲間を調べ、比較することは、研究の原点から繋がる大ネタでもあるのだ。

ハラミよりはじめよ

そんな世界進出の第一歩として、選んだのはマンディーさんによって近年、新種記載されたオーストラリア西部に生息する *I. hallami* だ（ここでは分かりやすくハラミと呼ぶことにする）。運がいいことに、東京大学大気海洋研究所で頭足類研究を続けている岩田さんの紹介でオーストラリアのクイーンズランド大学で頭足類の神経科学の研究をしているウェンサン・チュン博士と知り合うことができた。脳神経の構造だけでなく、頭足類の生態にも詳しいチュンさんは現地の受け入れ研究者としては最適の人物だった。こうして、三研究室での共同研究が現在進行中である。

研究の地は、主要都市ブリスベンから列車とフェリーを乗り継いだ先のノースストラスブルグ島にあるクイーンズランド大学のモートンベイ臨海実験所である。ここの目と鼻の先に広がるアマモ場でハラミの採集や野外調査を行いつつ、実験所の水槽で飼育実験を行うのだ。当初はどれくらいとれるのか、そもそも簡単に採集できるものなのか不安だったが、知多半島ほどではないものの、二時間も粘れば数十個体は楽に採集できるほどで、実験を行うには十分な数が確保できたことに安心した。

採集環境はこれまで採集してきたヒメイカのものとは大きく違っていた。非常に浅い場所で採れるのだ。まずハラミの隠れ家となるアマモ場だが、ここに生えているアマモの仲間は幅も狭けりゃ丈も短い、非常に小型の種類だった。そして、干潮になると、この場所がほとんど干出してしまうほど水が引くのだ。浅い場所だと水深一〇センチもない。そんな水たまりのような場所でハラミはとれるものなのか。半信半疑で地面をこするように網を引くと、網の中からハラミが勢いよく飛び出した。

やはり一目見た感じは日本のヒメイカとほとんど同じだ。一瞥しただけで種を区別するのは不可能かに思えたが、よく見ると全身に白いドット模様が広がっている。これはヒメイカやリュウキュウヒメイカには見られない特徴である。そう思ってバケツに入れたハラミを見ていると、なんと目の前で交接をはじめた。その方法は、リュウキュウヒメイカと同様、離れた位置から雌に伺いを立てるように精莢を受け渡す紳士的なやり方だった。

ヒメイカは異端？

ヒメイカ、ハラミ、シャムヒメイカ、リュウキュウヒメイカ。これまで交接行動が明らかになった四種のうち、雌に掴みかかって強制的に交接するのはヒメイカだけで、残りはすべて離れた位置から紳士的に受け渡す方法で交接を行っていた。今まで、ずっと見てきたヒメイカのやり方が、ヒメイカ界の基本の繁殖方法だとばかり思っていたが、もしかしたらその思い込みは間違いなのかもしれない。実はヒメイカのごとき強引な交接方法はイレギュラーなのではないだろうか。そんな見方をしたことがなかったので、徐々に集まってきたヒメイカ科の交接行動の結果には少なからず驚いた。だが、まだ道半ばである。ヒメイカと同じ、生息水温が比較的低くなる高緯度域のタスマニアヒメイカはどうだろう。分布域が大きく外れるアフリカヒメイカだってどうなるか分からない。いやいや、幅広い分布域で知られるホンヒメイカだって怪しいものだし、限りなく情報の少ない *I. pictetii* なんか非常にトリッキーなやり方を見せてくれるのではないか。そんなわけで、趨勢はまだ決していない。ヒメイカ科の繁殖生態にまつわる進化の軌跡を考えるためには、情報は全然足りないのである。

おわりに

ウェーダーにヘッドライト、バケツとそれを水面に浮かべるための自作のケース、引き網に捕まえたヒメイカを安全に移送するためのポリ袋と携帯式の酸素缶。フィールド調査に必要な道具が学生たちの手によって手際よくまとめられていく。学用車のライトバンに積み込みが終わったという報告を受けた私は、いそいそと運転席に乗り込み、現在の調査地である愛知県の知多半島めがけて車を走らせる。残念ながら、キャンパスのある静岡県には楽にヒメイカが採れるようなアマモ場を見つけることができなかった。しかし、春日井さんによって見出された知多半島のサンプリングサイトに比較的楽にアクセスできるのは不幸中の幸いだ。高速道路を使って片道三時間かかるというデメリットも、短時間で大量のヒメイカを楽に採集できるという圧倒的なメリットのおかげでおつりがくるほどである。

ヒメイカが安定して採集できているものの、私自体が行動観察に携わることはめっきりなくなってしまった。助手席で話し相手になってくれている大学院生にその役目をバトンタッチし、彼の報告を聞いて分かったような顔でコメントするばかりである。動物の行動研究はずっと見続けていないと気づかないことも多い。そんな立場から離れてしまい、自然に湧き出る研究の種を見つけるチャンスが減少しつつあるのは残念なことだが、その代わりに学生から「変な行動をみたんですが……」なんて発見報告を受けることが増えてきた。これはこれで別の喜びがある。もっとも私の興味も時が経つにつれて徐々に変わってきた。ヒメイカの雌雄の行動のやりとりに注目した研究よりも、自然環境下でどのように振る舞うのか、また種間ではどのような違いが見られるのかという生態学や進化学的な研究に視点が移ってきたのだ。そのため、現場での作業の形は変わりつつも、まだ現役で研究を続けられる要素は残っていそうだ。

さて、私のような動物研究者が二〇年近くにわたりヒメイカ研究を続けてこられた理由だが、やはりヒメイカの生物学的な特徴のおかげといっていいだろう。はじめは小さくて見ていてもつまらなそうと思っていたこのイカだが、日本の各地にたくさん生息している無脊椎動物だからこそ採集も容易だったし、小さいからこそ水槽実験を簡単に何回も行うことができた。最初に夢見ていた通り大型の脊椎動物の研究にすんなり着手することができたとして、採集場所や実験手法が限られ、観察するにも相当な根性が求められるそれらの動物の研究を、私のような情熱薄めの根性なしが果たして続けることができただろうか。一方で、同じ小型で使いやすいという理由からマウスやゼブラフィッシュなど、飼育手法が完全に確立しているモデル生物を研究対象としていたとしても、優秀な研究者が激しい競争を繰り広げるこの分野で私が生き残ることができたとは到底思えない。誰も気づかなかったよく分からない存在だからこそ自分のペースでゆっくり研究できたし、見過ごされていた面白い行動を発見することができたような気がする。

ここまで私の動物記を読んでいただいた皆様には感謝してもしきれない。動物記と銘打っているにもかかわらず、自分語りが多めで、さぞかし痛い奴だなと思われたかもしれない。対象生物への魅力に取りつかれた、いい意味でイカレた研究者による生き生きとした動物との出会いの話しを期待していた方はさぞかしがっかりしただろう。それでも、「私はそういうような気合の入った動物ジャンキーではないから、自分は研究者に向いていないのではないか」、そう考えている人に挑戦する勇気を与えることができたなら、この本を書いたなによりの喜びである。

本を読んでよく分かったと思うが、未熟な私が運よく研究職にたどり着くことができたのは数々の出会いの賜物である。指導教官である宗原先生は破天荒な人で、急なワクワクによる思い付きから訳の分からない仕事を無茶ぶりされたことは数知れずだったが、何より未熟で失敗の多い私になんの文句もつけることなく、なんでも自由にやらせてくれた。学生を指導する立場になって、それがいかに難しいことかがよく分かる。破天荒さなら、学位をとって以来いろいろとお世話になり、現在もともに研究を行っている島根大学の広橋さんも負けていない。奇抜すぎるアイデアに「そんなことできるか!」と何度思ったことだろう。しかし、二人に共通する大きすぎる研究への情熱と常人には思いつくことができない型に嵌らぬアイデアにはいつも刺激を貰った。

サンプルの問題ですぐに躓きそうなヒメイカ研究をいつも支えてくれた名古屋港水族館の春日井さんとの付き合いは今年で二〇年になる。私が実験を効率的に行えず、博士課程の卒業が一年伸びても、絶えることなくヒメイカを採集して送ってくれた。実は、ヒメイカの採集場所は春日井さんの勤務地から高速を使って片道三〇分はゆうにかかる。採集して北海道まで輸送する手間は馬鹿にならない。そんな大変な作業を、何度も実験に失敗し、論文として発表できるかも怪しい私のために仕事の合間のボランティアで何年もやってくれた。感謝してもしきれない。

学生の頃からの先輩である岩田さん、ポスドクのころからお世話になっている長崎大学の竹垣さん、墨の攻撃で共同研究をした、現在は北九州市立自然史博物館に勤務する竹下さんには、行動生態学研究を行う上での誠実さを教えられた。三人の性格は全く違うが、いずれも真摯に研究に向き合い、データのとり方から、結果の解析まで妥協が無い。もうこれくらいでいいじゃん、こんなもので十分だろ、とすぐに妥協してしまう性格の私が、なんとか襟を正して研究できている背景には、そんな真面目な研究者の存在があるのは間違いない。

大学院生のころからお世話になっているダイビングサービス、グラントスカルピンの佐藤長明さんには、日本各地の現地ガイドさんとの橋渡しだけでなく、美麗な写真をいつも提供してもらい、この本でも遠慮なくどんどん使わせていただいた。ヒメイカの交接行動の撮影から長らくお世話になっているドキュメンタリーチャンネルの藤原さんには、水槽や顕微鏡を使った動画撮影の基本を教えてもらい、すばらしい動画を今回も提供してもらうことができた。写真や動画なんて、何が起こっているか分かれば画質なんてどうでもいいと高を括っていた私だったが、お二人の綺麗な写真、映像によって新たな発見がいくつも生まれた。プロフェッショナルな仕事をされるその姿勢から、撮影技術はもちろんのこと、仕事への取組みについても多くを学ばせてもらった。私の研究室の大学院生第一号で、現在バリバリヒメイカの行動実験を行っている田邉良平君からも撮影した写真や動画を提供してもらった。そんな彼も前述のお二人同様、仕事の準備に余念がない職人タイプ。教えるどころかいつも教えられている。

遺伝情報を解析するバイオインフォマティクスの技術に関しては昔も今も島根大学で隠岐臨海実験所所長になった吉田さんにはお世話になりっぱなしだし、同じく、今では私以上にダイビング経験が豊富になった隠岐臨海実験所の小野さんには野外調査のサポートから室内実験のやり方、果てはおいしい料理の提供までいろいろと面倒をみてもらった。沖縄科学技術大学院大学の技術員ジェフリー・ジョリーさん、カメラマンのブランドン・ハンナンさんにはこの本のためにツノヒメイカの写真を快く提供してもらった。ウーロンゴン大学のマンディー・レイドさんは素性の分からない私のもちこみにも快く対応して、まるなげした形態観察をうまくまとめてくれた。クイーンズランド大学のウェンサン・チェンさんにはオーストラリアでの実験のサポートだけでなく、オリジナルの魯肉飯やラムチョップといった素晴らしい料理を振る舞ってもらった。研究室の先輩である南三陸町自然環境活用センターの阿部拓三さんには潜水技術からヒメイカの採集道具のつくり方までいろいろなことを教えてもらい、大学院時代の写真も提供してもらった。その他にも大学院生の時にお世話になった桜井先生をはじめとした北海道大学水産学部北洋研究室の皆さん、臼尻実験所の宗原研究室のみんな、国際水産資源研究所混獲生物グループの皆さん、長崎大学竹垣研究室の皆さん、はじめての指導学生となった引地君を含む隠岐臨海実験所の皆さん、そして東海大学海洋学部の私の研究室の皆さん他、様々な人とのディスカッションの中で私のヒメイカ研究は洗練されていった。

名前を挙げればきりがないが、多くの人との出会いのおかげで、着実に成果を積み重ねることができた。この場を借りて、すべての皆様に感謝を伝えたい。本当にありがとうございました。

この本の執筆のきっかけは、とある年の「竹垣さんを励ます会」と銘打った竹垣研でポスドク生活をしたひねくれ研究者たちのオンライン飲み会でのことである。すでにこの新・動物記シリーズの本を書いていた竹下さんや、新潟大学の高橋宏司さんからこの本についての話題があがった。その話を聞いていて、恥ずかしながら、自分も本を出してみたいと思ってしまったのだ。ヒメイカの魅力を伝えたいなんて冒頭で言っていた気もするが、本を書いた本当の動機は結局そんな個人的な欲望によるものである。とはいえ、自分から申し出るのはなんだか恰好悪いと一度は我慢してみたものの、変に心に火が付いてしまったようで、最終的には直接、本シリーズを編集している西江仁徳さん、黒田末壽さんにメールで突撃して執筆させていただくことになった。ところが、文章を書くのは思っていた以上に難しかった。やっとのことでひねり出した稚拙な文章を西江さん、黒田さん、そして京都大学学術出版会の永野祥子さんは丁寧に読んで、適切なコメントによって完成に導いてくれたのである。編集以上に嬉しかったのが、不安な気持ちで提出した原稿を皆さんに絶賛してもらったことである。何よりも励みになった。

最後に、家族にも感謝を伝えたい。教育職・研究職とは縁もゆかりもない家庭にもかかわらず、バカ息子が大学院、博士課程に行きたいと伝えても私の両親は何の反対もしなかった。一般家庭出身者で、アカデミアの道に進むことに親の理解が得られないケースはさんざん見てきた。さりとて、学費をすべて自分でねん出して進学するような根性は私にはなかった。文句も言わずに勝手する私を応援してくれた父と母には感謝しかない。そんな態度は妻も同様だ。私の都合で拠点が変わることに文句を言われたためしがない。いや、冗談っぽく言われたことはあったかな？　あれは本当に冗談だったかな？　……ともかく、彼女も応援してくれる。本当にありがたい。

調査地が近づき、長かった運転もようやく終わりが見えてきた。高速道路を降りてしばらく道なりに車を走らせると、調査地の最寄りのコンビニが見えてくる。冬真っ盛りの今時期は最干潮のタイミングが深夜になるため、温暖な愛知県とはいえども日によってはそれなりに寒さを感じる。コンビニは調査前に気合いを入れる重要な場所だ。毎度毎度、トイレを使わせてもらったお礼代わりにキャラメルを一箱買う。学生たちに一粒ずつ配り、自分の口にも一つほうりこむ。みんなは有難迷惑に思っているかもしれないが、私はこれでやる気のスイッチが入る。やはり今でも面倒くさがりながらの調査だが、それでも自分を騙しながらヒメイカの謎の扉のその先を見るためになんとかやっている。

著者のおすすめ

読書案内

イカはしゃべるし、空も飛ぶ――面白いイカ学入門

奥谷喬司 著、講談社、2009年

日本の頭足類研究の第一人者である著者の代表的な本。日本に生息する様々なイカの特徴を一般にも読みやすい文章でまとめてある。講談社の科学向けの新書シリーズ、ブルーバックスの作品ということで、手のひらサイズで価格もお手ごろ。まさに入門書である。

世界一わかりやすいイカとタコの図鑑

ロジャー・ハンロン、マイク・ベッキオーネ、ルイーズ・オルコック 著、
池田譲 監修、水野裕紀子 翻訳、化学同人、2020年

基本的なイカやタコの形態から生態の説明が美しい生体写真とともに簡潔に紹介されている。頭足類のことをちゃんと勉強したい人が最初に手に取るべき本。全編カラー印刷されており、解説もきれいな図付きで簡潔に行われているので分かりやすい。しかし、ただパラパラページをめくりながら写真だけ見ても十分に楽しめる。

イカ4億年の生存戦略

ダナ・スターフ 著、和仁良二 監修、日向やよい 翻訳、エクスナレッジ、2018年

今日の頭足類が、その祖先である貝類からどのようにして進化してきたのか。その過程について、現生のイカタコよりもアンモナイトなどの古生物に軸足を置いてじっくり検討していったのがこの本である。イカやタコの生物学的特徴をある程度理解して、より深く学びたくなった人におすすめ。

乱交の生物学――精子競争と性的葛藤の進化史

ティム・バークヘッド 著、小田亮、松本晶子 翻訳、新思索社、2003年

本文中にすでに紹介しているので、改めて細かい解説はいらないだろう。私が行動研究の道にどっぷりはまるきっかけとなった一冊である。出版から20年が経ち、最新の研究例が紹介されているわけではないが、内容の面白さは今も色褪せることはない。交尾の後に生じる雄雌の激しい対立と、それによって生じる進化の魅力に興味がある人には是非、手に取っていただきたい。

university press.
[5] Bush, S. L., & Robison, B. H. (2007). Ink utilization by mesopelagic squid. *Marine Biology*, 152, 485-494.
[6] Hikidi, Y., Hirohashi, N., Kasugai, T., & Sato, N. (2020). An elaborate behavioural sequence reinforces the decoy effect of ink during predatory attacks on squid. *Journal of Ethology*, 38, 155-160.

5章

[1] von Byern, J., Söller, R., & Steiner, G. (2012). Phylogenetic characterisation of the genus Idiosepius (Cephalopoda; Idiosepiidae). *Aquatic Biology*, 17(1), 19-27.
[2] Nabhitabhata, J., & Suwanamala, J. (2008). Reproductive behaviour and cross-mating of two closely related pygmy squids Idiosepius biserialis and Idiosepius thailandicus (Cephalopoda: Idiosepiidae). *Journal of the Marine Biological Association of the United Kingdom*, 88(5), 987-993.
[3] Reid, A. L., & Strugnell, J. M. (2018). A new pygmy squid, *Idiosepius hallami* n. sp. (Cephalopoda: Idiosepiidae) from eastern Australia and elevation of the southern endemic'notoides' clade to a new genus, Xipholeptos n. gen. *Zootaxa*, 4369(4), 451-486.
[4] Reid, A., Sato, N., Jolly, J., & Strugnell, J. (2023). Two new pygmy squids, *Idiosepius kijimuna* n. sp. and *Kodama jujutsu* n. gen., n. sp. (Cephalopoda: Idiosepiidae) from the Ryukyu Islands, Japan. *Marine Biology*, 170(12), 167.

dung fly *Scathophaga stercoraria (L.)*. *Behavioral Ecology and Sociobiology*, 32, 313-319.

[5] Rocha, F., Guerra, Á., & González, Á. F. (2001). A review of reproductive strategies in cephalopods. *Biological reviews*, 76(3), 291-304.

[6] Kasugai, T. (2013). Study of the life history of the Japanese pygmy squid, *Idiosepius paradoxus* in the Central Honshu, Japan. PhD thesis, Tokyo University of Marine Science and Technology.

[7] Sato, N., Yoshida, M., & Kasugai, T. (2017). Impact of cryptic female choice on insemination success: larger sized and longer copulating male spuid ejaculate more, but females in fluence insemination success by removing spermatangia. *Evolution*, 71, 111-120.

[8] Harcourt, A. H., Harvey, P. H., Larson, S. G., & Short, R. V. (1981). Testis weight, body weight and breeding system in primates. *Nature*, 293(5827), 55-57.

[9] Sato, N. (2017). Seasonal changes in reproductive traits and paternity in the Japanese pygmy squid *Idiosepius paradoxus. Marine Ecology Progress Series*, 582, 121-131.

[10] Magurran, A. E., & Seghers, B. H. (1994). Sexual conflict as a consequence of ecology: evidence from guppy, Poecilia reticulata, populations in Trinidad. *Proceedings of the Royal Society of London. Series B: Biological Sciences*, 255 (1342), 31-36.

[11] Magurran, A. E. (2005). *Evolutionary Ecology: The Trinidadian Guppy*. Oxford University Press.

[12] Sato, N., Uchida, Y., & Takegaki, T. (2018). The effect of predation risk on post-copulatory sexual selection in the Japanese pygmy squid. *Behavioral Ecology and Sociobiology*, 72, 1-10.

4章

[1] Hanlon, R. T., & Messenger, J. B. (2018). *Cephalopod behaviour*. Cambridge University Press.

[2] Sato, N., Takeshita, F., Fujiwara, E., & Kasugai, T. (2016). Japanese pygmy squid (*Idiosepius paradoxus*) use ink for predation as well as for defence. *Marine biology*, 163, 1-5.

[3] Takeshita, F., & Sato, N. (2016). Adaptive Sex-Specific Cognitive Bias in Predation Behaviours of Japanese Pygmy Squid. *Ethology*, 122(3), 236-244.

[4] Ruxton, G. D., Allen, W. L., Sherratt, T. N., & Speed, M. P. (2019). *Avoiding attack: the evolutionary ecology of crypsis, aposematism, and mimicry*. Oxford

Selection. Academic Press.
[3] バークヘッド，ティム［著］，小田亮・松本晶子［訳］(2003)．乱交の生物学：精子競争と性的葛藤の進化史．新思索社．
[4] Eberhard, W. (1996). *Female control: sexual selection by cryptic female choice* (Vol. 69). Princeton University Press.
[5] Marian, J. E. A. (2012). Spermatophoric reaction reappraised: novel insights into the functioning of the loliginid spermatophore based on *Doryteuthis plei* (Mollusca: Cephalopoda). *Journal of Morphology*, 273(3), 248-278.
[6] Hanlon, R. T., & Messenger, J. B. (2018). *Cephalopod behaviour*. Cambridge University Press.
[7] Ward, P. I. (1993). Females influence sperm storage and use in the yellow dung fly *Scathophaga stercoraria* (L.). *Behavioral Ecology and Sociobiology*, 32, 313-319.
[8] Sato, N., Kasugai, T., Ikeda, Y., & Munehara, H. (2010). Structure of the seminal receptacle and sperm storage in the Japanese pygmy squid. *Journal of Zoology*, 282(3), 151-156.
[9] Sato, N., Kasugai, T., & Munehara, H. (2014). Spermatangium formation and sperm discharge in the Japanese pygmy squid *Idiosepius paradoxus*. *Zoology*, 117(3), 192-199.
[10] Bateson, P. P. G. (Ed.). (1983). *Mate choice*. Cambridge University Press.
[11] Sato, N., Kasugai, T., & Munehara, H. (2014). Female pygmy squid cryptically favour small males and fast copulation as observed by removal of spermatangia. *Evolutionary Biology*, 41, 221-228.
[12] Voigt, C. C., Heckel, G., & Mayer, F. (2005). Sexual selection favours small and symmetric males in the polygynous greater sac-winged bat *Saccopteryx bilineata* (Emballonuridae, Chiroptera). *Behavioral Ecology and Sociobiology*, 57, 457-464.

3章

[1] Sato, N., Yoshida, M. A., Fujiwara, E., & Kasugai, T. (2013). High-speed camera observations of copulatory behaviour in *Idiosepius paradoxus*: function of the dimorphic hectocotyli. *Journal of Molluscan Studies*, 79(2), 183-186.
[2] Parker, G. A. (1990). Sperm competition games: raffles and roles. *Proceedings of the Royal Society of London. Series B: Biological Sciences*, 242(1304), 120-126.
[3] Birkhead, T. R., & Hunter, F. M. (1990). Mechanisms of sperm competition. *Trends in Ecology & Evolution*, 5(2), 48-52.
[4] Ward, P. I. (1993). Females influence sperm storage and use in the yellow

参考文献

1章

［1］ Lu, C. C., & Dunning, M. C. (1998). Subclass Coleoidea. In Mollusca: *The Southern Synthesis. Fauna of Australia.* 5. Part A, pp. 499-563. Ed. by P. L. Beesley, G. J. B. Ross, and A. Wells. CSIRO Publishing, Melbourne.

［2］ Kasugai, T. (2000). Reproductive behavior of the pygmy cuttlefish *Idiosepius paradoxus* in an aquarium. *Venus (Japanese Journal of Malacology)*, 59(1), 37-44.

［3］ Kasugai, T. (2001). Feeding behaviour of the Japanese pygmy cuttlefish *Idiosepius paradoxus* (Cephalopoda: Idiosepiidae) in captivity: evidence for external digestion? *Journal of the Marine Biological Association of the United Kingdom*, 81(6), 979-981.

［4］ Kasugai, T., Shigeno, S., & Ikeda, Y. (2004). Feeding and external digestion in the Japanese pygmy squid *Idiosepius paradoxus* (Cephalopoda: Idiosepiidae). *Journal of Molluscan Studies*, 70(3), 231-236.

［5］ Kasugai, T., & Segawa, S. (2005). Life cycle of the Japanese pygmy squid *Idiosepius paradoxus* (Cephalopoda: Idiosepiidae) in the Zostera beds of the temperate coast of central Honshu, Japan. *Phuket Marine Biological Center Research Bulletin*, 66, 249-258.

［6］ Sato, N., Awata, S., & Munehara, H. (2009). Seasonal occurrence and sexual maturation of Japanese pygmy squid (*Idiosepius paradoxus*) at the northern limits of their distribution. *ICES Journal of Marine Science*, 66(5), 811-815.

［7］ Sato, N., Kasugai, T., & Munehara, H. (2008). Estimated life span of the Japanese pygmy squid, *Idiosepius paradoxus* from statolith growth increments. *Journal of the Marine Biological Association of the United Kingdom*, 88(2), 391-394.

［8］ Sato, N., & Munehara, H. (2013). The possibility of overwintering by *Idiosepius paradoxus* (Cephalopoda: Idiosepiidae) at the northern limits of its distribution. *American Malacological Bulletin*, 31(1), 101-104.

2章

［1］ Iwata, Y., Munehara, H., & Sakurai, Y. (2005). Dependence of paternity rates onalternative reproductive behaviors in the squidLoligo bleekeri. *Marine Ecology Progress Series*, 298, 219-228.

［2］ Birkhead, T. R., & Møller, A. P. (eds.) (1998). *Sperm Competition and Sexual*

A－Z

た

な

は

ま

や

ら

索　引

＊**太字**の数字は写真・動画の掲載ページを示す。

あ

か

さ

Profile

佐藤成祥（さとう のりよし）

北海道札幌市出身。1980年生まれ。2010年に北海道大学大学院環境科学院博士課程修了（博士（環境科学））。その後は、日本学術振興会特別研究員（PD）、島根大学特任准教授などを経て、2019年4月より東海大学海洋学部水産学科講師。ヒメイカをきっかけにはじまった頭足類の行動生態研究だが、その興味の矛先は沿岸性から深海性の様々な場所に生息する多様なイカ類に広がり、現在はタコにも熱い視線を送っている。一つのことに精通するような専門性には欠けるが、その分、目的達成の手段にはこだわらず、何にでも手を出す腰の軽さが武器だと信じている。信じてはいるが、さすがに最近は手を広げすぎたようで少々混乱状態である。2017年、「ヒメイカの交尾後精子排除によるCryptic Female Choice」で第8回日本動物行動学会賞を受賞。

新・動物記 10
密かにヒメイカ
最小イカが教える恋と墨の秘密

2024年10月20日　初版第一刷発行

著　者　佐藤成祥
発行人　黒澤隆文
発行所　京都大学学術出版会
京都市左京区吉田近衛町69番地
京都大学吉田南構内（〒606-8315）
電話　075-761-6182
FAX　075-761-6190
URL　https://www.kyoto-up.or.jp
振替　01000-8-64677
ブックデザイン・装画　森　華
印刷・製本　亜細亜印刷株式会社

ISBN 978-4-8140-0557-4　定価はカバーに表示してあります

た膨大な時間のなかに新しい発見や大胆なアイデアをつかみ取るのです。こうした動物研究者の豊かなフィールドの経験知、動物を追い求めるなかで体験した「知の軌跡」を、読者には著者とともにたどり楽しんでほしいと思っています。

最後に、本シリーズは人間の他者理解の方法にも多くの示唆を与えると期待しています。人間は他者の存在によって、自己の経験世界を拡張し、世界には異なる視点と生き方がありうると思い知ります。ふだん共にいる人でさえ「他者」の部分をもつと認識することが、互いの魅力と尊重のベースになります。動物の研究も、「他者としての動物」の生をつぶさに見つめ、自分たちと異なる存在として理解しようと試みています。そして、なにかを解明できた喜びは、ただちに新たな謎を浮上させ、さらなる関与を誘うのです。そこで異文化の人々の世界を描く手法としての「民族誌（エスノグラフィ）」になぞらえて、この動物記を「動物のエスノグラフィ（Animal Ethnography）」と位置づけようと思います。この試みが「人間にとっての他者＝動物」の理解と共生に向けた、ささやかな、しかし野心に満ちた一歩となることを願ってやみません。

シリーズ編集
黒田末壽（滋賀県立大学名誉教授）
西江仁徳（京都大学・京都工芸繊維大学研究員）

来たるべき動物記によせて

「新・動物記」シリーズは、動物たちに魅せられた若者たちがその姿を追い求め、工夫と忍耐の末に行動や社会、生態を明らかにしていくドキュメンタリーです。すでに多くの動物記が書かれ、無数の読者を魅了してきた今もなお、私たちが新たな動物記を志すのには、次の理由があります。

私たちは、多くの人が動物研究の最前線を知ることで、人間と他の生物との共存についてあらためて考える機会となることを願っています。現在の地球は、さまざまな生物が相互に作用しながら何十億年もかけてつくりあげたものですが、際限のない人間活動の影響で無数の生物たちが絶滅の際に追いやられています。一方で、動物たちは、これまで考えられてきたよりはるかにすぐれた生きていく術《スキル》をもつこと、また、他の生物と複雑に支え合っていることがわかってきています。本シリーズの新たな動物像が、読者の動物との関わりをいっそう深く楽しいものにし、人間と他の生物との新たな関係を模索する一助となることを期待しています。

また、本シリーズは研究者自身による探究のドキュメントです。動物研究の営みは、対象を客観的に知るだけにとどまらない幅広く豊かなものだということも知ってほしいと願っています。動物を発見することの困難、観察の長い空白や断念、計画の失敗、孤独、将来の不安。そのなかで、研究者は現場で人々や動物たちから学び、工夫を重ね、できる限りのことをして成長していきます。そして、めざす動物との偶然のような遭遇や工夫の成果に歓喜し、無駄に思え

ANIMAL ETHNOGRAPHY

新・動物記

シリーズ編集　黒田末壽・西江仁徳

好評既刊

1 キリンの保育園　タンザニアでみつめた彼らの仔育て　齋藤美保

2 武器を持たないチョウの戦い方　ライバルの見えない世界で　竹内　剛

3 隣のボノボ　集団どうしが出会うとき　坂巻哲也

4 夜のイチジクの木の上で　フルーツ好きの食肉類シベット　中林　雅

5 カニの歌を聴け　ハクセンシオマネキの恋の駆け引き　竹下文雄

6 アザラシ語入門　水中のふしぎな音に耳を澄ませて　水口大輔

7 白黒つけないベニガオザル　やられたらやり返すサルの「平和」の秘訣　豊田　有

8 土の塔に木が生えて　シロアリ塚からはじまる小さな森の話　山科千里

9 ヒト心あれば魚心　釣られた魚は忘れない　高橋宏司

10 密かにヒメイカ　最小イカが教える恋と墨の秘密　佐藤成祥